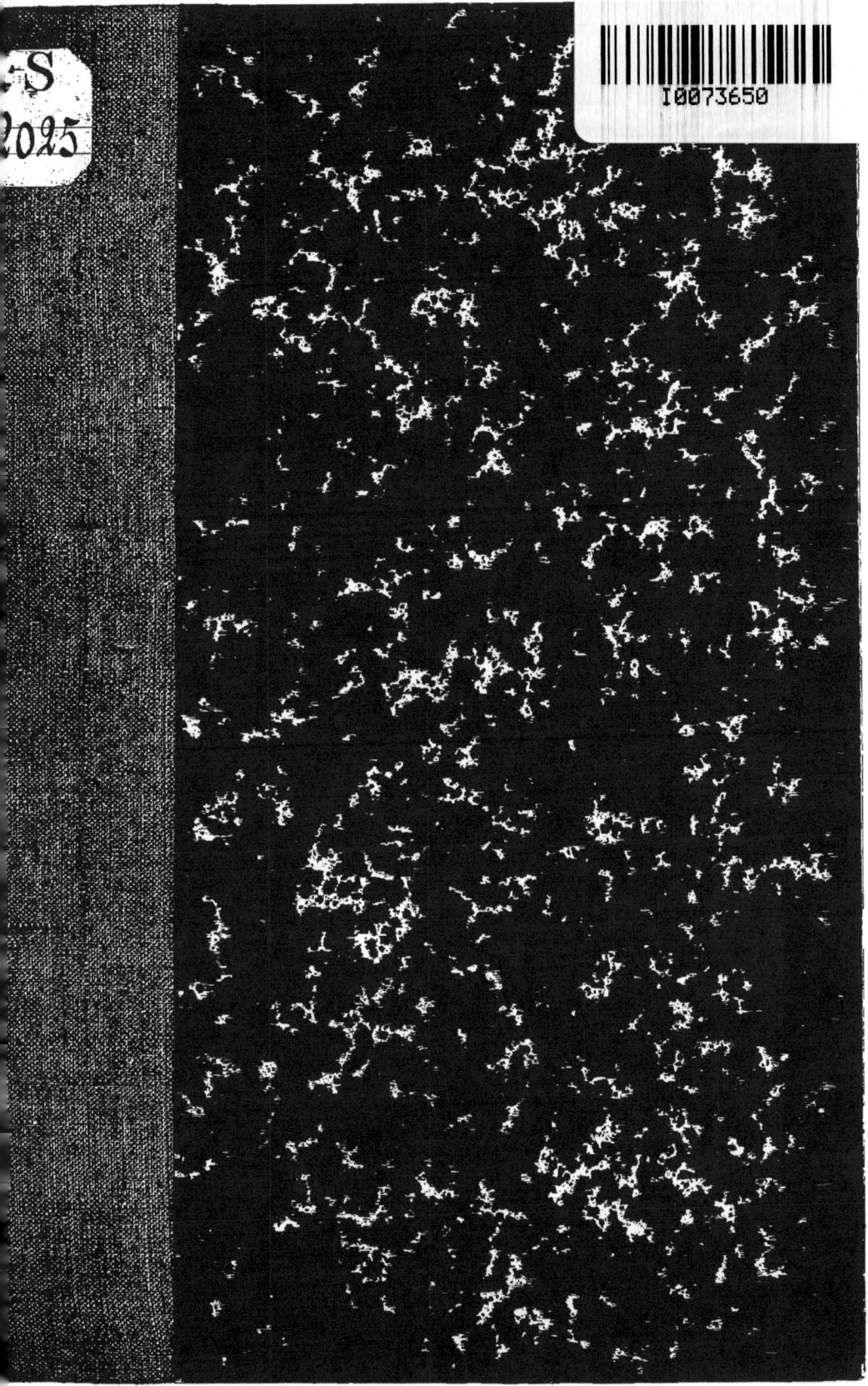

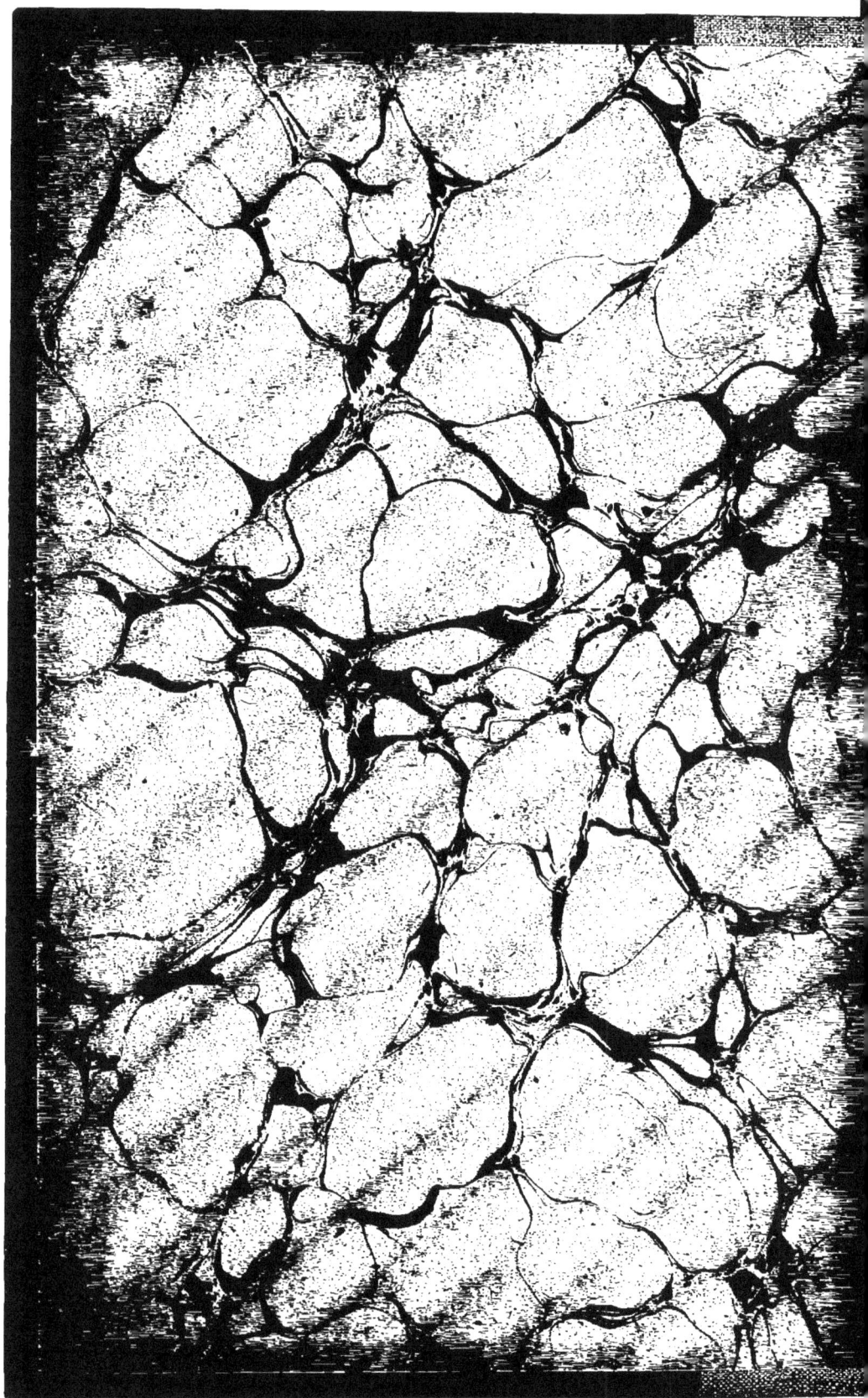

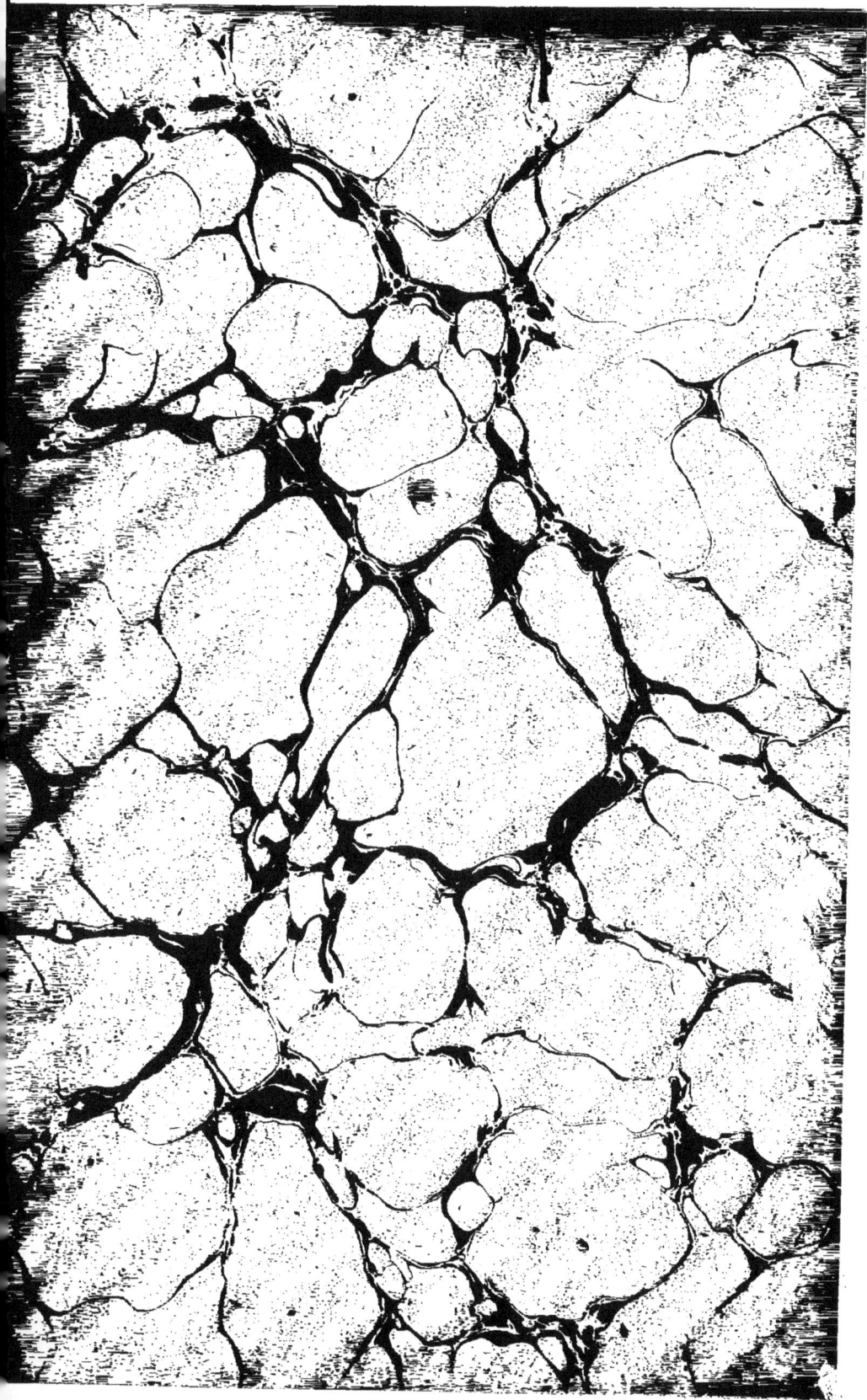

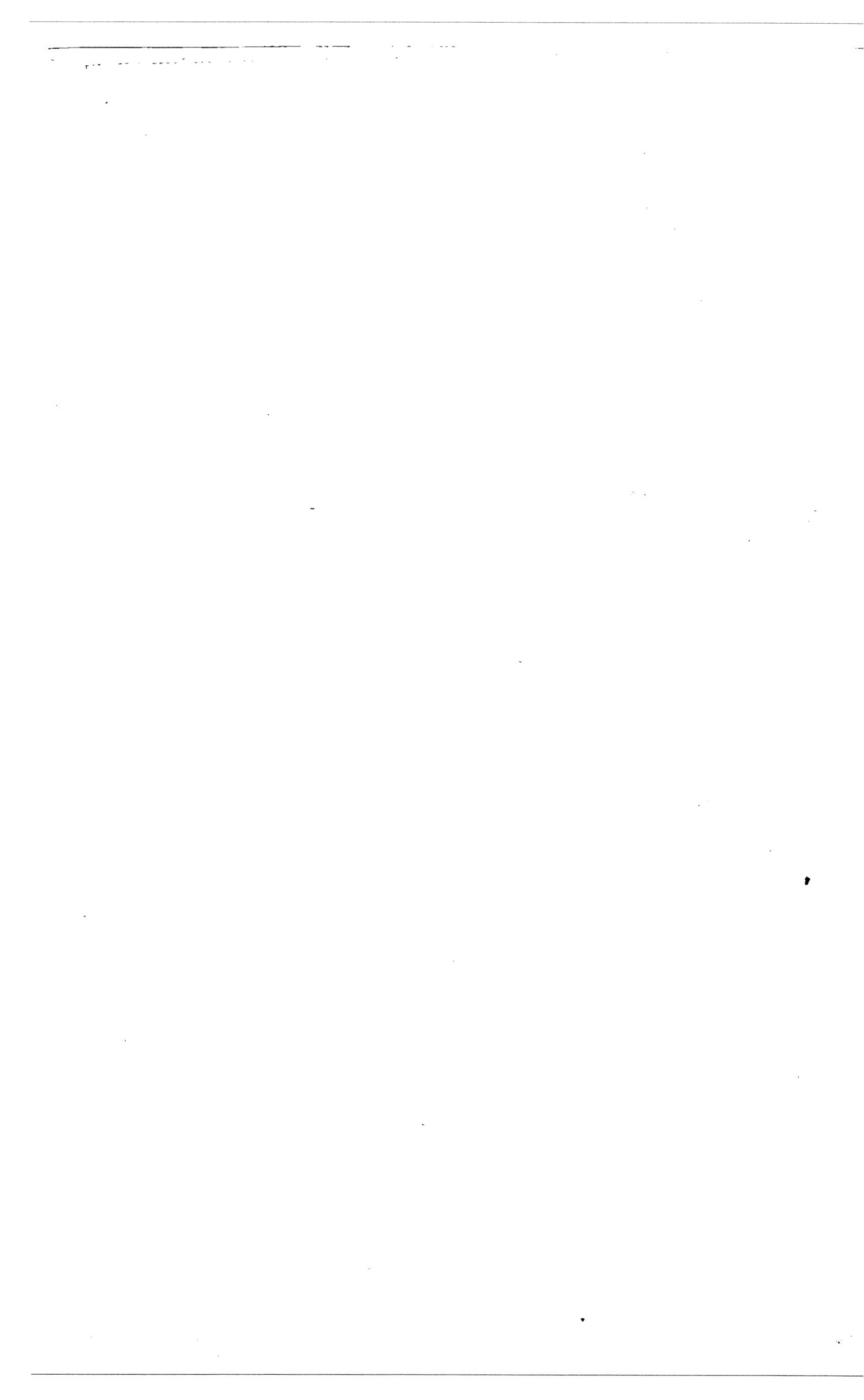

MINISTÈRE DU COMMERCE, DE L'INDUSTRIE
DES POSTES ET DES TÉLÉGRAPHES

EXPOSITION UNIVERSELLE INTERNATIONALE DE 1900

DIRECTION GÉNÉRALE DE L'EXPLOITATION *1867*

CONGRÈS INTERNATIONAL
D'AQUICULTURE ET DE PÊCHE

TENU À PARIS
DU 14 AU 19 SEPTEMBRE 1900

PROCÈS-VERBAUX SOMMAIRES

PAR M. J. PÉRARD
SECRÉTAIRE GÉNÉRAL DU CONGRÈS

ET M. MAIRE
SECRÉTAIRE GÉNÉRAL ADJOINT

PARIS

IMPRIMERIE NATIONALE

M CMI

MINISTÈRE DU COMMERCE, DE L'INDUSTRIE
DES POSTES ET DES TÉLÉGRAPHES

———

EXPOSITION UNIVERSELLE INTERNATIONALE DE 1900

DIRECTION GÉNÉRALE DE L'EXPLOITATION

CONGRÈS INTERNATIONAL
D'AQUICULTURE ET DE PÊCHE

TENU À PARIS
DU 14 AU 19 SEPTEMBRE 1900

———

PROCÈS-VERBAUX SOMMAIRES

PAR M. J. PÉRARD
SECRÉTAIRE GÉNÉRAL DU CONGRÈS

ET M. MAIRE
SECRÉTAIRE GÉNÉRAL ADJOINT

RÉPUBLIQUE FRANÇAISE

PARIS
IMPRIMERIE NATIONALE

———

M CMI

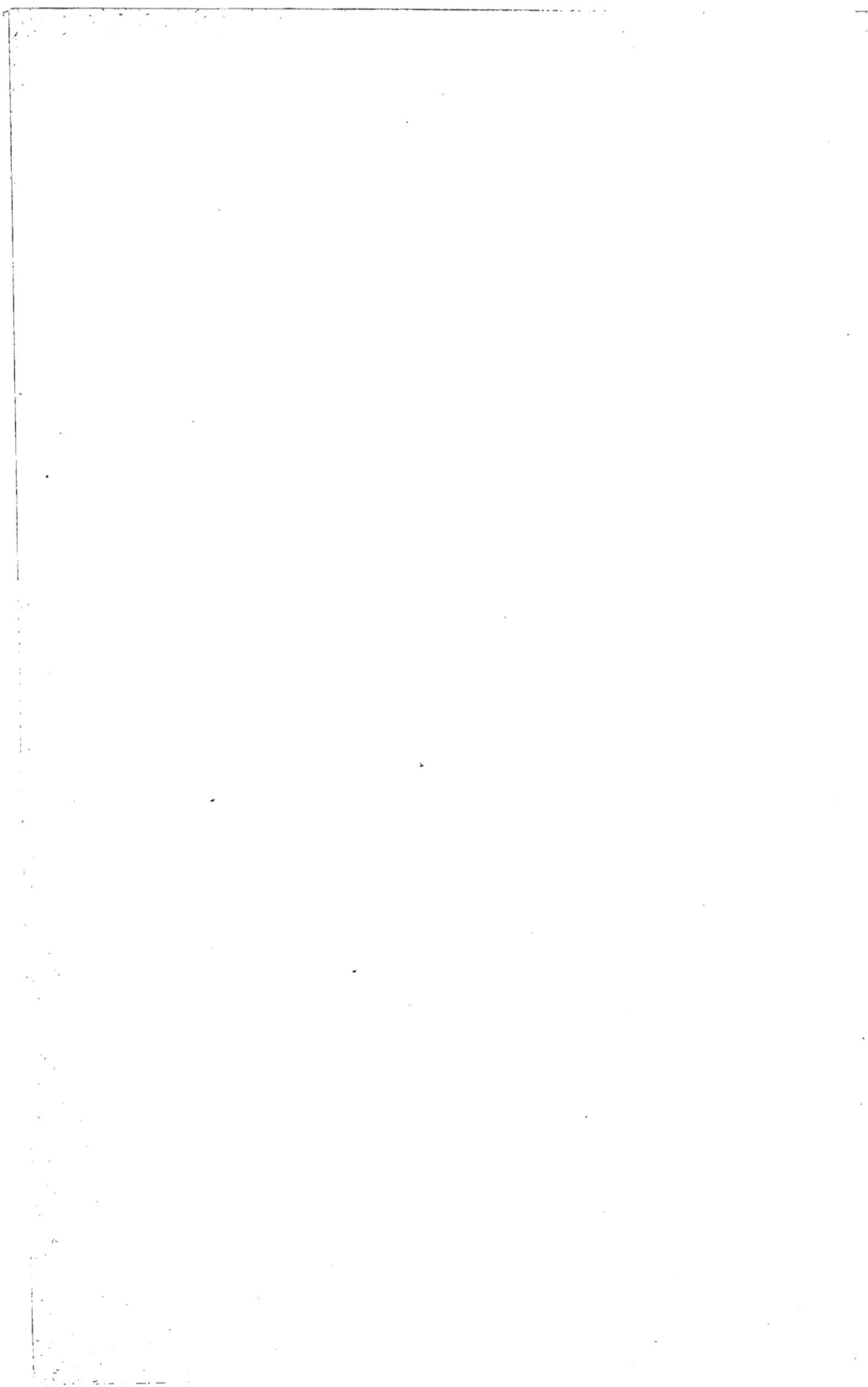

CONGRÈS INTERNATIONAL
D'AQUICULTURE ET DE PÊCHE

TENU À PARIS
DU 14 AU 19 SEPTEMBRE 1900.

—›◇‹—

COMMISSION D'ORGANISATION.

BUREAU [1].

PRÉSIDENT.

M. Edmond Perrier, membre de l'Institut et de l'Académie de médecine, directeur du Muséum d'histoire naturelle.

VICE-PRÉSIDENTS.

MM. Émile Belloc, président honoraire de la Société centrale d'aquiculture et de pêche.

Émile Cacheux, président honoraire fondateur de la Société de l'enseignement professionnel et technique des pêches maritimes.

Fabre-Domergue, inspecteur général des Pêches maritimes.

de Guerne, secrétaire général de la Société nationale d'acclimatation de France.

V. Hugot, membre de la Chambre de commerce de Paris.

Mersey, conservateur des Forêts, chef du Service de la pêche au Ministère de l'agriculture.

Alfred Roussin, commissaire général de la Marine, en retraite.

SECRÉTAIRE GÉNÉRAL.

M. Joseph Pérard, ingénieur, secrétaire de la Société de l'enseignement professionnel et technique des pêches maritimes,

SECRÉTAIRE GÉNÉRAL ADJOINT.

M. Maire, inspecteur des Forêts au Ministère de l'agriculture.

TRÉSORIER.

M. Baudouin, secrétaire général du Congrès des pêches des Sables-d'Olonne.

[1] Le bureau primitivement nommé a été complété dans la séance de la Commission d'organisation du 18 avril 1900.

1 .

MEMBRES.

MM.

BERTHOULE, membre du Comité consultatif des pêches maritimes au Ministère de la marine.

BOIGEOL, ingénieur des Mines.

BOLLOT (le commandant), commissaire du Gouvernement au Conseil de guerre.

BOURDON, négociant.

BRESSON (Jean), président de la Chambre syndicale des fourreurs et pelletiers.

CALVET, sénateur.

CANU, directeur de la Station aquicole de Boulogne-sur-Mer.

CARDOZO DE BETHENCOURT, directeur du *Moniteur maritime*.

CHANSAREL, sous-directeur de la Marine marchande au Ministère de la marine.

DE CLAYBROOKE, archiviste-bibliothécaire de la Société nationale d'acclimatation.

COUTANT, inspecteur général de l'instruction publique.

DE CUERS (René), secrétaire général du syndicat de la presse coloniale.

DE DAX, secrétaire de la Société des ingénieurs civils.

DEHA, délégué de l'Union des yachts.

DELAMARE-DEBOUTEVILLE, ingénieur.

DELÉARDE, secrétaire de la Société de l'enseignement professionnel et technique des pêches maritimes.

DENEUVE (le docteur), administrateur de la Société de l'enseignement professionnel et technique des pêches maritimes.

DROIN, ancien président de section au Tribunal de commerce de la Seine.

DURASSIER, directeur de la marine marchande au Ministère de la marine.

EHRET, président du syndicat des pêcheurs à la ligne.

FABRE-DOMERGUE, inspecteur général des pêches maritimes.

FALCO, président de la chambre syndicale des négociants en perles.

FANIEN, capitaine au long cours.

GAUTHIER (Henri), ingénieur.

GAUTRET, député, maire de la ville des Sables-d'Olonne.

GEORGE, président de section à la Cour des comptes.

GERVILLE-RÉACHE, député, président du Comité consultatif des pêches maritimes et président du Comité d'organisation de la classe 53 (*pêches*) à l'Exposition de 1900.

GUIEYSSE, député, ancien Ministre des colonies, président du Groupe parlementaire de la marine marchande.

GUIART (le docteur), secrétaire de la Société zoologique de France.

HAMON, secrétaire général de la Société de l'enseignement professionnel et technique des pêches maritimes.

MM.

Henneguy (le docteur), professeur suppléant au Collège de France.

Junker, ingénieur en chef des ponts et chaussées.

Lemy (Pierre), négociant.

Le Myre de Vilers, député, membre du Conseil supérieur des colonies.

Le Play, sénateur.

Moniez, inspecteur de l'Académie de Paris.

Muzet, député.

Raveret-Wattel, directeur de la station aquicole du Nid-du-Verdier.

Richard (Jules), docteur ès sciences.

Roché (Georges), inspecteur général honoraire des pêches maritimes.

Sarrassin, industriel.

Stoecklin, inspecteur général des ponts et chaussées.

Vaney, inspecteur des forêts

de Varigny (Henri), docteur ès sciences.

Wurtz (le docteur), professeur agrégé à la Faculté de médecine de Paris.

DÉLÉGUÉS OFFICIELS DE GOUVERNEMENTS.

France.

Ministère de l'agriculture.

MM. Daubrée, conseiller d'État, directeur des eaux et forêts.

Deloncle, inspecteur de l'enseignement de la pisciculture.

Mersey, chef de service de la pêche et des améliorations pastorales.

Ministère des colonies.

M. Dybowski, inspecteur général de l'agriculture coloniale.

Ministère du commerce.

M. Chandèze, directeur du commerce.

Ministère de l'instruction publique.

M. Cacheux, ingénieur des arts et manufactures, membre de la Commission d'enseignement de la navigation et de la pêche.

Ministère de la marine.

M. Durassier, directeur de la marine marchande.

MM. Puech, capitaine de vaisseau, membre de la Commission des machines et du grand outillage.

Roucheron-Mazerat, commissaire en chef, secrétaire du Comité des inspecteurs de la marine.

Toutain, sous-directeur de la marine marchande.

Chansarel, sous-directeur au Ministère de la marine.

Ministère des travaux publics.

M. Desprez, ingénieur des ponts et chaussées.

PAYS ÉTRANGERS.

Autriche.

M. Antoine Fritsch, professeur à l'Université de Prague.

Belgique.

MM. Maes, sous-inspecteur des eaux et forêts, secrétaire des Commissions pour la pêche fluviale.

Villequet, président de la Commission de pisciculture, délégué du Ministère de l'agriculture et des travaux publics.

Danemark.

M. Drechsel, capitaine de vaisseau, conseiller des pêches à Copenhague, délégué du Ministère de l'agriculture.

Espagne.

M. Adolfo de Navarete, capitaine de corvette.

États-Unis.

MM. Georges M. Bowers, commissaire général des pêches et pêcheries.

le docteur T. H. Bean, directeur des forêts.

le lieutenant commandant C. Baker.

le docteur H. M. Smith, membre de la Commission des pêches et pêcheries.

Z. T. Sweeney, membre de la Commission des pêches et pêcheries de l'État d'Indiana.

Hongrie.

M. Jean Landgraf, inspecteur royal de pisciculture au Ministère de l'agriculture à Budapest.

Irlande.

M. Spotswood Green, inspecteur des pêches à Dublin, délégué du Ministère de l'agriculture.

Italie.

M. le comte Crivelli SERBELLONI, président de la Société lombarde de pêche et d'aquiculture.

Japon.

MM. Junzo KAWAMOURA, commissaire du Japon à l'Exposition de 1900.

Keisuké SHIMO, ingénieur au Ministère de l'agriculture et du commerce.

Mexique.

MM. Augustin ARAGON, ingénieur, député au Congrès fédéral du Mexique.

Gabriel PARRODI, membre de la Commission mexicaine à l'Exposition.

Norvège.

M. Th. LUNDQUIST.

Pays-Bas.

MM. le docteur P. P. C. HOEK, conseiller scientifique du Gouvernement des Pays-Bas en matière de pêche.

J. MEESTERS, membre de la seconde Chambre des États généraux.

Portugal.

MM. Cardozo DE BETHENCOURT, directeur du *Moniteur maritime*.

Hypacio Frederico DE BRION, capitaine de corvette.

Roumanie.

M. le docteur Gr. ANTIPA, inspecteur général de la pêche, directeur du Muséum d'histoire naturelle à Bucarest.

Russie.

MM. P. A. GRIMM, inspecteur des pêches.

KOUZNETSOFF, chef du Service de la pêche au Ministère de l'agriculture.

ZAROUBINE, chef du groupe des forêts à l'Exposition de 1900.

Suisse.

M. le colonel PUENZIEUX, chef du Service des forêts, de la chasse et de la pêche du canton de Vaud.

Tunisie.

M. A. LOIR, commissaire général de la Tunisie à l'Exposition universelle de 1900.

PROGRAMME GÉNÉRAL.

1ʳᵉ SECTION.

Études scientifiques maritimes.

Études scientifiques des eaux salées. — Faune et flore marines aquatiques. — Biologie des êtres marins. — Instruments de recherches et d'études. — Piscifacture marine (poissons, mollusques, crustacés, etc.). — Océanographie.

Président : M. le baron J. DE GUERNE, secrétaire général de la Société nationale d'acclimatation de France.

2ᵉ SECTION.

Études scientifiques des eaux douces.

Faune et flore aquatiques. — Biologie des êtres aquatiques. — Instruments de recherches et d'études. — Aquiculture. — Limnologie.

Président : M. Émile BELLOC, président honoraire de la Société centrale d'aquiculture et de pêche.

3ᵉ SECTION.

Technique des pêches maritimes.

Matériel et engins de pêche, appâts naturels et artificiels. — Bateaux de pêche et leur armement. — Réglementation internationale des pêches maritimes. — Chasse à la baleine et autres cétacés. — Pêche des éponges. — Récolte du corail, de la nacre, des perles, etc.

Président : M. FABRE-DOMERGUE, inspecteur général des pêches maritimes.

3ᵉ SOUS-SECTION.

Pêche maritime considérée comme sport.

Président : M. S. DEHA, de l'Union des yachts français.

4ᵉ SECTION.

Aquiculture pratique et pêche en eau douce.

Causes diverses du dépeuplement des rivières. — Méthodes diverses pour empêcher ce dépeuplement. — Réglementation. — Pisciculture, ses résultats pratiques. — Aménagement des rivières. — Technique de la pêche en eau douce (engins, appâts, etc.). — Pêche-sport. — Sociétés de pêche à la ligne.

Président : M. MERSEY, conservateur des forêts, chef du Service de la pêche et des améliorations pastorales au Ministère de l'agriculture.

5ᵉ SECTION.

Ostréiculture et mytiliculture.

Technique industrielle, réglementation internationale. — Commerce.

Président : M. Roussin, commissaire général de la marine (en retraite).

6ᵉ SECTION.

Utilisation des produits de pêche.

Transport des poissons, mollusques, crustacés, au point de vue technique et économique (bateaux-viviers, wagons spéciaux, chasseurs à vapeur). — Modes divers de conservation des produits de la pêche (emploi de viviers et de chambres frigorifiques, salaison, séchage, fumage, conservation hermétique, etc.). — Sous-produits de l'industrie des pêches (engrais, huile, colle, etc.). — Commerce et écoulement des produits. — Écorage, halles et marchés. — Corail, nacre, ivoire, perles naturelles et artificielles, éponges, etc.

Président : M. V. Hugot, membre de la Chambre de commerce de Paris.

7ᵉ SECTION.

Économie sociale.

Statistique des pêches, écoles de pêche, institutions de prévoyance, assurances, caisses de secours, etc. — Hygiène, sauvetage. — Hôpitaux flottants.

Président : M. Émile Cacheux, ingénieur, président honoraire de la Société de l'enseignement professionnel et technique des pêches maritimes, président d'honneur de la Société française d'hygiène.

PROCÈS-VERBAUX DES SÉANCES.

SÉANCE D'OUVERTURE.

DU VENDREDI 14 SEPTEMBRE À 10 HEURES (MATIN).

Présidence de M. Jean DUPUY, *Ministre de l'Agriculture.*

Le Congrès international *d'aquiculture et de pêche* de l'Exposition de 1900 a tenu sa séance d'ouverture dans le palais des Congrès, sous la présidence de M. Jean Dupuy, Ministre de l'agriculture.

Quelques instants avant la séance, le Ministre avait reçu dans une salle voisine les délégués officiels, ainsi que les représentants des diverses sociétés savantes de France et de l'étranger.

M. Jean Dupuy prend place au fauteuil présidentiel.

Autour du Ministre on remarquait : MM. Edmond Perrier, membre de l'Institut, président de la Commission d'organisation; Veschniakoff, secrétaire d'État, président de la Société impériale russe de pêche et de pisciculture; l'amiral Bayle, représentant le Ministre de la marine; Navarete, capitaine de corvette, délégué officiel d'Espagne; Daubrée, conseiller d'État, directeur des eaux et forêts; Chandèze, directeur du commerce; Durassier, directeur de la marine marchande; Mersey, conservateur des forêts, chef du service de la pêche au Ministère de l'agriculture; J. Pérard, secrétaire général, et M. Maire, secrétaire général adjoint de la Commission d'organisation.

M. le Ministre a adressé ses plus vifs remerciements au Comité d'organisation pour l'honneur qu'on lui avait fait en l'appelant à la présidence; il a été heureux de pouvoir, en acceptant, témoigner tout l'intérêt que le gouvernement de la République porte aux travaux de ce Congrès. Il est heureux de constater que les savants étrangers ont répondu en très grand nombre à l'invitation de la France, et les remercie d'avoir bien voulu apporter le concours de leur science et de leur expérience, de manière à contribuer au succès de l'œuvre commune.

« L'Exposition universelle, dit-il, a dépassé les espérances même les plus optimistes, et elle constitue une œuvre aussi grande et aussi belle qu'il soit possible de l'imaginer.

« Les congrès ont été nombreux; ils ont scruté l'ensemble des connaissances humaines. Le Congrès d'aquiculture et de pêche tiendra dignement sa place dans ce concert. Les nombreuses questions inscrites à votre programme, l'ardeur que vous avez mise à chercher les solutions des problèmes qu'il comporte démontrent le haut intérêt qui s'attache à vos travaux. La compétence des hautes personnalités qui composent votre Comité de patronage est un sûr garant que les vœux que vous émettrez constitueront une œuvre de progrès dont les pouvoirs publics ne manqueront pas de tenir le plus grand compte. »

Le Ministre déclare ouvert le Congrès international d'aquiculture et de pêche.

Se faisant ensuite l'écho de l'ensemble du Congrès, il propose de nommer comme président effectif M. Edmond PERRIER, membre de l'Institut et de l'Académie de médecine, directeur du Muséum d'histoire naturelle de Paris, membre du Comité consultatif des pêches maritimes, président du Comité d'organisation.

Cette proposition est accueillie par acclamation.

M. Edmond PERRIER remercie de l'honneur qui lui est fait; il fait remarquer que deux fois déjà, aux Sables-d'Olonne et à Dieppe, on a bien voulu lui confier une semblable mission, ce qui lui permet d'envisager avec moins d'appréhension la lourde tâche qui lui est dévolue; il se félicite de l'appui officiel dont M. le Ministre donnait tout à l'heure l'assurance et rappelle que le Gouvernement français a bien voulu considérer les précédents congrès de pêche comme des « parlements au petit pied » chargés d'élaborer les projets de loi et les meilleurs règlements à soumettre aux Chambres et aux administrations publiques.

Cette brillante improvisation est accueillie par les applaudissements répétés de l'assemblée tout entière.

M. le Ministre propose ensuite, au nom de la Commission d'organisation, de nommer présidents d'honneur du Congrès :

Son Exc. M. WESCHNIAKOFF, secrétaire d'État de Russie, président de la Société impériale russe de pêche et de pisciculture;

M. MILLERAND, ministre du Commerce :

M. DE LANESSAN, ministre de la Marine;

M. Jean DUPUY, ministre de l'Agriculture;

M. BAUDIN, ministre des Travaux publics;

M. LEYGUES, ministre de l'Instruction publique;

M. DECRAIS, ministre des Colonies.

Il propose ensuite de compléter le bureau de la manière suivante :

Vice-présidents :

MM. GERVILLE-RÉACHE, député;

GAUTRET, député;

Albert PETIT, conseiller-maître à la Cour des comptes;

Raphaël DUBOIS, professeur à la Faculté des sciences de Lyon;

le commandant DRECHSEL, délégué officiel du Danemark;

le docteur T. H. BEAN, délégué officiel des États-Unis;

le docteur P. P. C. HOEK, délégué officiel des Pays-Bas.

LANDGRAF, délégué officiel de la Hongrie;

le docteur ANTIPA, délégué officiel de la Roumanie;

le docteur KUSNETSOF, délégué officiel de la Russie;

2.

MM. le professeur Max Braun, de l'Université de Kœnisberg ;
le révérend Spotswood Green, sous-inspecteur des pêches à Dublin ;
Feddersen, conseiller des pêches à Copenhague.

Secrétaires généraux :

MM. J. Pérard, ingénieur des Arts et manufactures ;
N. Borodine, rédacteur en chef de la *Revue internationale de pêche et de pisciculture.*

Secrétaires généraux adjoints :

MM. Maire, inspecteur des forêts au Ministère de l'agriculture.
Maes, sous-inspecteur des forêts, délégué officiel de la Belgique.

Trésorier :

M. le docteur Marcel Baudouin.

L'assemblée, par ses applaudissements, acclame ces propositions.

Ayant ainsi procédé à l'élection du bureau du Congrès, M. le Ministre se retire, laissant la présidence à M. Edmond Perrier.

M. Edmond Perrier prend la parole ; il remercie d'abord de l'honneur qui lui est fait ; il constate le caractère pratique donné à ces assises scientifiques et il se félicite de la bienveillance que le Gouvernement veut bien accorder à leurs vœux, à tel point que leurs délibérations sont des sortes de discussions préliminaires des lois futures.

M. Perrier constate les difficultés inhérentes à la nature des choses qui rendent les recherches scientifiques particulièrement difficiles dans le domaine de l'agriculture. Bien plus que la terre, le domaine des pêcheurs est mystérieux et difficile à cultiver ; la mer est une immensité peuplée d'une foule d'êtres de toutes organisations et de toutes dimensions, depuis l'infiniment petit jusqu'aux gigantesques monstres marins. Une masse énorme de substances alimentaires est ainsi élaborée. Les utilaires entrevoient, comme progrès futurs, la culture exclusive des autres. Mais ce n'est pas sans restriction qu'on peut se rallier à ce désir de peupler la terre exclusivement d'organismes capables de servir à l'homme.

Pour le moment, on est forcé de constater que les produits des eaux, au lieu d'augmenter, diminuent d'une manière regrettable. Il réclame d'habiles aménagements unis à une sage législation pour leur rendre leur fécondité de jadis. Il cite les établissements français dans lesquels on a adopté une méthode pratique et rationnelle. Tels sont les établissements de Bessemont, de Chauvassaignes, de Jousset de Bellesme, de Raveret-Wattel. La Société de pisciculture de Bordeaux fait au moins aussi bien que ces derniers.

La surveillance des cours d'eau est difficile, et il n'est pas aisé de les faire servir à la fois à la navigation, à l'écoulement des égouts et à l'élevage des poissons. Il est donc urgent d'aménager les petites rivières par la création d'étangs bien clos pour assurer le repeuplement. Ainsi se trouvera surmontée une grande difficulté et sera satisfait l'un des desiderata les plus brûlants de la période moderne.

Mais la mer est plus rebelle et moins facile à plier aux exigences de l'homme. Malgré les expéditions scientifiques de toutes nationalités qui ont sondé le fond de toutes les mers, malgré le grand nombre de laboratoires scientifiques qui s'élèvent partout, la science moderne est loin d'avoir fait une lumière suffisante. Si la masse des animaux rampants se trouve sur les fonds seulement, les êtres nageurs sont répartis dans toute l'épaisseur de la couche d'eau, et là se déplacent suivant des lois de migration obscures. Ces animaux suivraient-ils ce monde d'êtres microscopiques que fait naître le soleil qu'on appelle *plankton* et qui est seul capable de nourrir leurs petits? Est-il possible de régulariser et d'augmenter la production du *plankton?* Y a-t-il aussi à tenir compte de l'influence entrevue des phénomènes météorologiques?

L'univers savant s'intéresse vivement à ces grands problèmes, et il n'est pas exagéré de dire qu'une véritable bibliothèque est consacrée à l'étude de tout ce qui y touche. Mais, quoi qu'il en soit, nous sommes peut-être encore loin d'une solution définitive, et, pour le moment, nous en sommes encore réduits à demander le salut à la protection, en espérant que l'avenir permettra l'exploitation industrielle du poisson de mer. Car l'élevage productif du poisson n'est pas une utopie. Les côtes américaines du Pacifique ne présentaient pas d'aloses, et c'est artificiellement qu'on les y a perpétuées d'une façon remarquable. L'ostréiculture est sortie tout entière des travaux de Coste et est devenue une véritable industrie. On élève les mactres dans les mers chaudes, de façon à en tirer des produits commerciaux importants. L'industrie des perles prend un nouvel essor. Dans l'Adriatique, dans les Antilles, en Tunisie, on cultive réellement les éponges, quoique leur pêche soit difficile à réglementer faute de connaissances suffisantes de leur reproduction. Les Chinois mangent les holothuries; en Nouvelle-Calédonie, on les cultive en conséquence et on en fait un important article d'exportation.

Chaque pays s'attache à ces études, et il est à désirer que les notions ainsi accumulées soient coordonnées de façon à aboutir à une science générale, bénéficiant de l'ensemble des travaux ainsi faits. Au mois de juin 1899 s'est réunie une conférence à Stockholm dans ce but. C'est ainsi que s'ébauche cette union des hommes de science, dépassant les limites de leur patrie respective pour le plus grand bien de l'humanité. C'est ainsi que naît cette notion de la paix perpétuelle et de la patrie universelle, dangereuse utopie, car la guerre est la loi du monde et la concurrence l'âme des progrès sociaux. L'activité physique et intellectuelle est la loi des pays comme des organismes. La décadence est une suite directe de la paresse. L'alcool supprime le goût de l'action, et nos marins en usent trop. Sans exercice musculaire, l'on peut craindre des catastrophes. M. Perrier fait appel aux pêcheurs pour exercer leur action vivifiante sur le pays.

L'assemblée tout entière applaudit à plusieurs reprises.

M. LE PRÉSIDENT propose ensuite à l'assemblée de bien vouloir ratifier le choix déjà fait par le Comité d'organisation de :

MM. le baron J. DE GUERNE, secrétaire général de la Société nationale d'acclimatation de France, comme président de la 1re section ;

Émile BELLOC, président honoraire de la Société centrale d'aquiculture et de pêche, comme président de la 2e section :

MM. Fabre-Domergue, inspecteur général des pêches maritimes, président de la 3ᵉ section;

S. Deha, de l'Union des yachts français, président de la 3ᵉ sous-section;

Mersey, conservateur des forêts, chef du service de la pêche au Ministère de l'agriculture, président de la 4ᵉ section;

Roussin, commissaire général de la Marine, en retraite, président de la 5ᵉ section;

V. Hugot, membre de la Chambre de commerce de Paris, président de la 6ᵉ section;

Émile Cacheux, président honoraire fondateur de la Société d'enseignement professionnel et technique des pêches maritimes, président de la 7ᵉ section.

Ces choix sont ratifiés par acclamations.

M. le Président fait alors savoir que, suivant le programme du Congrès, ces diverses sections se réuniront dans l'après-midi pour compléter leurs bureaux et fixer l'ordre du jour de leurs séances ultérieures.

La séance est levée à midi.

SÉANCES DE SECTIONS.

L'après-midi du 14 septembre a été consacrée à la lecture du bureau de chacune des sections, à l'examen sommaire de différents mémoires présentés devant chacune d'elles et à la fixation de l'ordre du jour des séances suivantes.

Les bureaux ont été ainsi constitués :

1ʳᵉ SECTION.

Études scientifiques maritimes.

Président : M. le baron J. de Guerne, secrétaire général de la Société nationale d'acclimatation de France.

Vice-présidents : MM. Brandt, professeur à l'Université de Kiel (Allemagne); E. Canu, directeur de la Station aquicole de Boulogne-sur-Mer; Kunstler, professeur à la Faculté des sciences de Bordeaux.

Secrétaire : M. Pellegrin, attaché au Muséum d'histoire naturelle de Paris.

2ᵉ SECTION.

Études scientifiques des eaux douces.

Président : E. Émile Belloc, président honoraire de la Société centrale d'aquiculture et de pêche, à Paris.

Secrétaire : M. Bruyère, attaché au Muséum d'histoire naturelle de Paris.

3ᵉ SECTION.
Technique des pêches maritimes.

Président : M. FABRE-DOMERGUE, inspecteur général des Pêches maritimes.

Vice-présidents : MM. NAVARETE, capitaine de corvette, délégué officiel du Gouvernement de l'Espagne ; COSTE, vice-président de la Chambre de commerce de Tunis ; Amédée ODIN, directeur du laboratoire zoologique maritime et de l'École des pêches des Sables-d'Olonne.

Secrétaire : M. CARDOZO DE BETHENCOURT, ingénieur civil.

3ᵉ SOUS-SECTION.
Pêche considérée comme sport.

Président : M. S. DEHA, directeur de l'Union des yachts français.

Secrétaire : M. le docteur AUMONT, de l'Union des yachts français.

4ᵉ SECTION.
Aquiculture et pêche en eau douce.

Président : M. L. MERSEY, conservateur des Eaux et Forêts, chef du service de la pêche et de la pisciculture au Ministère de l'agriculture.

Vice-présidents : MM. le comte DE GALBERT, secrétaire général de la Société d'agriculture de l'Isère ; MOUSEL, directeur des Eaux et Forêts au Ministère de l'agriculture de Belgique ; le colonel PUENZIEUX, chef du service des Forêts, de la chasse et de la pêche, délégué officiel du Gouvernement suisse.

Secrétaire : M. C. DE LAMARCHE, secrétaire général de la Société centrale d'aquiculture et de pêche, à Paris.

5ᵉ SECTION.
Ostréiculture et mytiliculture.

Président : M. le commissaire général ROUSSIN.

Vice-présidents : MM. LUNDQUIST, délégué officiel de la Norvège ; A. VALLE, secrétaire général de la *Societa adriatica de pesa e aquicultora*.

Secrétaire : M. POTTIER, commissaire de la Marine.

6ᵉ SECTION.
Utilisation des produits de pêche.

Président : M. V. HUGOT, membre de la Chambre de commerce de Paris.

Vice-présidents : MM. BELLET, président de la Chambre de commerce de Fécamp ; Émile ALTAZIN, armateur à Boulogne ; Augustin ARAGON, député, délégué officiel du Mexique ; Junzo KAWAMOURA, délégué officiel du Japon.

Secrétaire : M. Henri GAUTHIER, ingénieur des Arts et manufacturés.

7ᵉ SECTION.

Économie sociale.

Président : M. Émile Cacheux, président honoraire, fondateur de la Société de l'enseignement professionnel et technique des pêches maritimes.

Vice-présidents : MM. le colonel van Zuylen, délégué de la Société pour le développement de la pêche dans les Pays-Bas; Lavieuville, directeur de l'école de pêche de Dieppe; Hamon, secrétaire général de la Société de l'enseignement professionnel et technique des pêches maritimes; le commandant Coignerat.

Secrétaire : M. Beaud, directeur de la Compagnie d'assurance *l'Éternelle.*

Les diverses sections arrêtent ensuite l'ordre du jour de leurs différentes séances. Les sections 2 (études scientifiques des eaux douces) et 4 (aquiculture et pêche en eau douce) décident de tenir leurs séances en commun.

1ʳᵉ SECTION.

SÉANCE DU 15 SEPTEMBRE 1900

PRÉSIDENCE DE M. K. BRANDT, *vice-président.*

La séance est ouverte à 9 heures.

La parole est donnée à M. Fabre-Domergue pour une communication *sur la technique et les résultats actuels de la pisciculture maritime.*

M. Fabre-Domergue expose que la technique piscicole maritime diffère essentiellement de la technique d'eau douce. En effet, les alevins des poissons marins ne sont pas, au moment de leur naissance, aussi bien constitués que ceux des poissons d'eau douce pour pourvoir à leur alimentation. Ils ont besoin d'absorber de la nourriture avant la résorption de la vésicule vitelline et ils sont incapables de rechercher cette nourriture qui ne peut être absorbée par eux qu'à la condition qu'elle s'introduise, pour ainsi dire, d'elle-même dans leur bouche. Cette nourriture se compose presque exclusivement de très petits infusoires extrêmement abondants dans les eaux marines. La technique piscicole doit donc tendre à mettre constamment cette nourriture à la portée de la bouche de l'alevin de façon à ce que celui-ci puisse l'absorber sans efforts. M. Garstang a imaginé, pour arriver à ce résultat, un dispositif qui consiste dans un disque de verre constamment animé d'un mouvement vertical qui imprimé à l'eau une certaine agitation et met ainsi les infusoires qu'elle renferme en contact constant avec les alevins qui les absorbent lorsqu'ils passent à leur portée.

M. Kunstler fait observer que l'année dernière M. le capitaine Dannevig a exposé à Bergen des poissons qu'il avait élevés lui-même et qui avaient une taille assez forte. Il ignore par quel procédé M. Dannevig était arrivé à ce résultat.

M. Kunstler ajoute qu'il a essayé d'élever lui-même, à Arcachon, des larves de grisets. Il n'a pu réussir à mener à bien cet élevage, parce qu'il lui a été impossible d'obtenir des infusoires suffisamment séparés des eaux corrompues dans lesquelles ils vivaient.

M. Fabre-Domergue répond qu'il existe un moyen assez simple d'obtenir ce résultat. Les infusoires se tiennent presque toujours à la surface de l'eau. Il est possible de les capturer au moyen d'un tube en verre ou d'une pipette et de les récolter en se bornant à effleurer la surface de l'eau sans troubler celle-ci.

M. de Navarete présente un ouvrage dont il est l'auteur et ayant pour titre *Manual de zootalassografia*, et lit un mémoire *sur une campagne scientifique d'explorations sous-marines*.

La séance est levée à 10 heures.

SÉANCE DU 18 SEPTEMBRE 1900.

Présidence de M. J. DE GUERNE, *président*.

La séance est ouverte à 10 h. 1/2.

M. le Président donne lecture d'une note de M. C. de Bethencourt ayant pour titre : *Recherches de S. M. le roi de Portugal concernant la pêche du thon sur la côte des Algarves*. Ce travail très intéressant se termine par le vœu suivant :

Le Congrès, après avoir pris connaissance des études faites sur le littoral des Algarves par S. M. le roi du Portugal, émet le vœu :

Que les recherches concernant le régime du thon et du germon soient entreprises ou continuées tant sur les côtes du Portugal que sur celles de l'Algérie, de l'Espagne, de la France, de l'Italie et la Tunisie.

Ce vœu est adopté.

M. le Président donne ensuite lecture de deux notes de M. J. Beaud, ostréiculteur aux Sables-d'Olonne :

1° *Culture artificielle de la palourde sur tous les terrains baignés par la mer ;*

2° *Culture artificielle de la chevrette dans des eaux salées en dehors de la mer.*

M. le Président communique à l'assemblée une lettre de M. Ascroft, si-

gnalant la très grande diminution du nombre des bateaux de pêche voiliers sur la côte orientale d'Angleterre. L'auteur demande, en outre, que le Congrès s'occupe d'établir un règlement concernant les filets employés pour les recherches scientifiques. Il serait nécessaire de fixer la dimension des mailles, la matière (soie ou coton), avec laquelle ils doivent être fabriqués et la dimension du cercle sur lequel ils sont montés.

Après quelques observations présentées par M. MENDES GUERREIRO, l'assemblée est d'avis qu'en ce qui concerne les travaux scientifiques la plus grande liberté soit laissée aux chercheurs.

M. le commandant NAVARRETE, délégué du Gouvernement espagnol, prend la parole au sujet d'un vœu présenté comme sanction à une précédente communication faite par lui au Congrès *sur les campagnes scientifiques d'explorations sous-marines.*

M. MENDES GUERREIRO demande quelques modifications à la rédaction et le vœu suivant, présenté par M. le commandant Navarete et M. Mendes Guerreiro, est adopté par la section :

Le Congrès émet le vœu :

Que les études, observations et travaux indiqués et convenus dans la Conférence internationale de Stockholm en 1899 soient poursuivis d'une façon uniforme par toutes les nations intéressées aux pêches maritimes.

La séance est levée à 11 h. 1/2.

2ᶜ ET 4ᵉ SECTIONS RÉUNIES.

PRÉSIDENCE DE M. LE DOCTEUR BRANDT,
Vice-président de la 1ʳᵉ Section.

La séance est ouverte à 10 heures.

La parole est donnée à M. DE SAILLY, qui entretient l'assemblée des avantages que présenterait la *substitution de la porcelaine aux matières premières actuellement employées pour la confection des augettes à incubation.* M. de Sailly a fait construire des augettes de cette nature pour le laboratoire de pisciculture de Limoges, dont il a la direction, et a obtenu de très bons résultats. Le prix de ces appareils en porcelaine ne dépasserait pas très sensiblement celui des appareils en terre ou en métal aujourd'hui en usage.

M. PERDRIZET lit une note et donne quelques explications au sujet d'*un nouveau mode de production des daphnies.* Il suffit de jeter dans l'eau où l'on cultive ces crustacés une certaine quantité de sang.

Les daphnies se multiplient alors avec une très grande rapidité. M. PER-

DHIZET emploie le sang dans la proportion de 3 à 4 litres par semaine, dans un volume de 36 mètres cubes d'eau environ. Ce procédé peut rendre de grands services pour la nourriture des alevins de salmonides surtout à l'époque de l'année où la faune microscopique des eaux est encore peu développée.

M. HOFER fait une communication *sur la maladie qui sévit sur les écrevisses.* Il pense que cette affection est due non à un seul, mais à plusieurs organismes différents. Il constate que la marche de la maladie est toujours la même; elle débute en aval des cours d'eau; les crustacés infectés remontent portant ainsi la contamination en amont. Pour effectuer le repeuplement, M. Hofer estime que les écrevisses importées ne doivent être déversées dans les cours d'eau qu'à une distance de 20 kilomètres au moins de l'endroit infesté. Il conseille de jeter dans cette partie des cours d'eau une assez grande quantité de chaux afin de détruire toutes les écrevisses déjà malades qui pourraient s'y trouver et qui répandraient la contagion parmi celles qu'on destine au repeuplement. Plusieurs membres trouvent un peu trop radical ce procédé qui aurait pour résultat de détruire en même temps tous les poissons qui vivent dans ces eaux.

M. HOFER insiste sur la nécessité de ne repeupler au moyen de nouvelles écrevisses qu'après s'être assuré que celles-ci ne sont pas elles-mêmes contaminées et après les avoir tenues en observation pendant un certain temps.

M. le colonel PUENZIEUX fait connaître qu'il y a quelques années, les écrevisses avaient complètement disparu dans le canton de Vaud; elles ont reparu depuis peu de temps et paraissent maintenant se développer d'une façon normale. M. Puenzieux dit que la principale cause d'insuccès dans le repeuplement des cours d'eau en écrevisses provient de la manière défectueuse dont sont pratiqués les déversements. Si ces crustacés sont mis immédiatement à l'eau, la plupart meurent ou ne restent pas dans le cours d'eau; il est nécessaire de les placer sur le bord et de les laisser eux-mêmes gagner la rivière. Ce n'est qu'à cette condition que les déversements peuvent être pratiqués avec chance de succès. MM. DE SAILLY, DE GALBERT, BORODINE, etc., prennent part à cette discussion.

Il est donné communication de trois notes : 1° de M. DONGÉ *sur certains coléoptères qui s'attaquent aux poissons* et causent leur mort; 2° de M. le docteur OLTRAMARE, qui préconise *l'usage du coton hydrophile employé comme filtre* pour aseptiser l'eau des appareils d'incubation et d'alevinage; 3° de M. BRETON, *clef pour la détermination des principales espèces de poissons d'eau douce.*

L'assemblée fixe sa prochaine séance au lundi 17 septembre, à 9 h. 1/2 du matin. L'ordre du jour comprend quinze communications dont le programme a été distribué à l'issue de la séance.

La séance est levée à 11 heures.

———————

3.

SÉANCE DU 17 SEPTEMBRE 1900.
(SOIR.)

Présidence de M. le comte CRIVELLI-SEBERLONI,

Délégué du Gouvernement italien, Vice-président de la 2ᵉ Section.

La séance est ouverte à 4 h. 1/2.

M. de Guerne résume une communication de M. Fritsh, de Prague, sur *la station zoologique volante* de Bohême, *sur la faune d'eau douce et le plankton utile aux poissons.* Il signale l'importance d'un crustacé, l'*Holopedium gibberum*, dont la présence indique toujours que les eaux sont favorables au développement de la truite *arc-en-ciel.* Il fait passer sous les yeux de l'assemblée une photographie d'un échantillon de *plankton* recueilli à la station de Prague. M. Fritsh termine sa communication en faisant connaître qu'il serait très utile d'établir dans d'autres pays des stations analogues à celle de Prague. M. de Guerne reproduit à ce sujet un vœu présenté par lui l'année dernière au Congrès de Biarritz dans lequel il signale l'intérêt des études à poursuivre concernant la biologie lacustre, spécialement en ce qui touche à la pisciculture et demande que des études méthodiques entreprises sur cette matière soient favorisées autant que possible.

L'assemblée adopte les vœux suivants proposés à la suite des communications faites dans la séance du matin :

Vœu présenté par M. de Sailly :

Obligation pour tous les propriétaires et directeurs d'établissements industriels établis sur des cours d'eau, ainsi qu'aux propriétaires de canaux d'irrigation ou d'assainissement de ne pouvoir vider les biefs d'amont ou canaux d'adduction des eaux pour réparations, curages ou faucardement qu'après déclaration préalable à l'autorité locale.

Vœu présenté par M. Puenzieux :

Il est désirable que, dans les cours d'eau de peu de largeur et de peu d'importance, la pêche à la ligne soit seule tolérée et que l'emploi des filets et autres engins soit limité le plus possible.

M. Perdrizet lit ensuite une communication relative au *repeuplement des rivières en salmonides.*

A cette occasion, M. de Galbert propose d'insérer dans les baux de location de cantonnements de pêche une clause par laquelle les adjudicataires seraient tenus de déverser chaque année dans les lots qui leur sont attribués un certain nombre d'alevins. Ces alevins seraient mis à l'eau dans des conditions déterminées et sous la surveillance d'un agent de l'administration. M. Puenzieux donne quelques indications sur la manière la plus pratique d'immerger les alevins.

M. le docteur Wurtz a ensuite la parole pour sa communication *sur l'emploi du sang pour la nourriture des alevins*. D'après lui, le sang doit être stérilisé, cuit à l'autoclave à 120 degrés et mis en boîtes où il peut se conserver assez longtemps. Ainsi préparé, il constitue une excellente nourriture pour les jeunes poissons.

M. Jousset de Bellesme ajoute quelques renseignements très pratiques à la communication de M. Wurtz; il recommande d'apporter le plus grand soin à la préparation du sang; il préconise pour la nourriture des alevins l'emploi de la rate crue dont on extrait la pulpe en grattant au moyen d'une lame non tranchante la rate dont la peau a été préalablement divisée par quelques incisions.

Il est donné lecture d'une communication de M. Vincent *sur la reproduction de l'alose*. M. Vincent dépose le vœu suivant qui est adopté par l'assemblée :

Le Congrès, vu la valeur économique de l'alose et l'importance des résultats qui ont été obtenus aux États-Unis dans la culture de ce poisson, signale aux gouvernements l'intérêt considérable que présenterait l'application suivie d'opérations analogues.

Enfin M. Borodine présente son travail *sur l'élevage de l'esturgeon*. M. Borodine fait passer sous les yeux de l'assemblée un certain nombre de dessins et une très intéressante série d'échantillons de jeunes esturgeons aux différents stades de leur développement.

M. Borodine communique une note de M. Kousnetzoff sur la *biologie et la pêche du hareng d'Astrakan*. Cette communication est accompagnée de deux tableaux présentant la quantité de harengs pêchés annuellement dans la mer Caspienne et dans le Volga.

Il est ensuite donné lecture d'une communication de MM. Duval et Wurtz sur le *faucardement*. Les auteurs demandent que le faucardement, qui peut être très préjudiciable aux poissons lorsqu'il n'est pas opéré dans de bonnes conditions, soit sérieusement réglementé. Il serait nécessaire de ne pas enlever en même temps toutes les herbes du cours d'eau et d'en conserver toujours au moins un tiers. Les époques auxquelles le faucardement pourrait être exécuté devraient être déterminées d'une manière précise. Il est très avantageux pour ce travail d'employer la chaîne-scie qui opère très rapidement et dans de bonnes conditions.

La prochaine séance est fixée au mardi 18 septembre, à 9 h. 1/2, pour la continuation de l'ordre du jour.

La séance est levée à 6 h. 15.

SÉANCE DU 18 SEPTEMBRE 1900.

Présidence de M. BORODINE.

La séance est ouverte à 9 heures 1/2.

L'assemblée adopte le vœu ci-après, comme suite à la discussion établie dans la séance précédente, sur une proposition de MM. Duval et le docteur Wurtz :

Dans l'exécution des curages et faucardement de rivière, il devra être tenu compte des conditions de reproduction des poissons, tant pour les points à ménager comme frayères que pour l'époque et la durée de ces opérations.

Le Congrès appelle à cet égard l'attention sur l'emploi de la chaîne-scie, déjà en usage dans certaines rivières, et qui permet d'exécuter les faucardements avec beaucoup plus de précision et surtout de rapidité.

M. Ehret donne lecture d'un mémoire sur *l'importance et le rôle des Sociétés de pêcheurs à la ligne.*

M. Puenzieux fait une communication sur *l'introduction d'espèces nouvelles de poissons* et sur les inconvénients de placer dans les cours d'eau des espèces non encore suffisamment étudiées et qui pourraient nuire aux poissons indigènes. Il propose à l'assemblée d'émettre le vœu suivant, qui est adopté :

L'essai d'introduction ou l'introduction elle-même d'espèces exotiques de poissons dans les cours d'eau et lacs internationaux, ainsi que de l'anguille dans les eaux encore indemnes de ce poisson, sera interdite sans l'autorisation préalable des États intéressés.

M. de Sailly fait une communication sur *la diminution du nombre des saumons.* Il donne des détails sur les systèmes de barrage fonctionnant dans la Vienne et démontre qu'il est nécessaire que la libre circulation soit assurée aux saumons dans les fleuves et les rivières jusqu'à la partie supérieure du bassin de ces cours d'eau. Le vœu suivant, déposé à ce sujet par M. de Sailly, est adopté :

Les pouvoirs publics prendront dans chaque pays les mesures les plus propres à assurer la libre circulation des poissons migrateurs, et en particulier du saumon, dans les fleuves et rivières jusqu'à la partie supérieure du bassin de ces cours d'eau, sauf, bien entendu, le cas d'obstacles naturels infranchissables. Les Gouvernements ayant adhéré au Congrès international seront priés de provoquer l'étude du meilleur système de passage pour les poissons et à en imposer l'emploi sur tous les barrages industriels ou agricoles dont la hauteur dépasse 80 centimètres. Ils sont, en outre, invités à ne pas tolérer à l'avenir des barrages étanches à profil vertical en aval, et à exiger que les ouvrages de retenue des eaux soient établis soit en dos d'âne, soit à une inclinaison de 30 degrés.

M. Mersey dépose, au nom de M. Caméré, inspecteur général des ponts et chaussées à Paris, un mémoire *sur les échelles à poissons.*

L'assemblée passe ensuite à l'examen de nombreuses communications relatives *à l'empoisonnement des eaux par les déversements dans les rivières des eaux industrielles.*

Il est donné lecture d'une lettre de M. BRUAND, proposant différentes mesures contre cette pollution et demandant que les directeurs des usines soient toujours rendus personnellement responsables des dégâts commis.

M. MERSEY donne connaissance d'observations d'un industriel sur les moyens à employer pour rendre inoffensifs les déversements industriels.

La Société des pêcheurs à la ligne de Saint-Quentin se plaint que les rivières de la région soient empoisonnées par les déversements provenant des sucreries et autres usines. Mêmes plaintes de la Société des pêcheurs du Calaisis.

M. Raphaël DUBOIS a fréquemment constaté, en Auvergne et dans l'Ain, les ravages causés par l'hypochlorite de chaux et la chaux elle-même. La truite surtout est très sensible aux attaques de l'hypochlorite. M. Raphaël Dubois indique d'une manière très précise les signes auxquels il est facile de reconnaître que les poissons ont été détruits au moyen de cette substance.

M. PERRIER, préparateur à la Faculté des sciences de Grenoble, lit sur cette question un mémoire très intéressant et très documenté, qui donne lieu à une discussion dans laquelle interviennent MM. KUNSTLER et R. DUBOIS.

Enfin, M. LEBEL, de Péronne, constate les pertes considérables que causent aux propriétaires ou aux fermiers des étangs de la Somme les eaux provenant des sucreries et des distilleries.

Cette discussion, à laquelle prennent part un grand nombre de membres de l'assemblée, se termine par l'adoption des trois vœux suivants, proposés par MM. R. DUBOIS, MAËS et PERRIER :

1° *Les Gouvernements mettront à l'étude les moyens de reconnaître les poissons empoisonnés, comme cela se fait en criminologie humaine, et tous les animaux empoisonnés seront saisis, afin qu'il soit possible de poursuivre les délinquants et de mettre un terme à leur coupable industrie;*

2° *Le Congrès estime que, dans l'intérêt de l'hygiène publique, de l'industrie, de l'aquiculture, il est urgent que les Gouvernements prennent des mesures énergiques pour empêcher la pollution des eaux de quelque façon que ce soit et qu'ils mettent en œuvre les moyens nécessaires propres à faire respecter ces mesures. Le Congrès estime qu'il appartient essentiellement aux industriels de rechercher les moyens propres à la purification des résidus de l'eau industrielle. Le rôle du Gouvernement consiste surtout à veiller à ce que l'eau soit restituée à la rivière telle qu'elle a été prise.*

3° *Il y a lieu de n'accorder les autorisations nécessaires pour l'ouverture des établissements industriels qu'après le dépôt et l'étude de résidus, analogues à ceux qui devront être déversés, par l'établissement pour lequel l'autorisation est demandée.*

La séance est levée à midi.

3ᵉ SECTION.

SÉANCE DU 17 SEPTEMBRE 1900.

PRÉSIDENCE DE M. FABRE-DOMERGUE, *Président.*

La séance est ouverte à 10 heures.

M. LE PRÉSIDENT invite M. le capitaine de corvette don Adolfo DE NAVA-RETE, délégué de l'Espagne, à prendre place au bureau.

M. le colonel VAN ZUYLEN, délégué des Pays-Bas, lit un mémoire *sur l'emploi du moteur à pétrole comme machine auxiliaire des bateaux de pêche à voiles.* Il signale deux bateaux mixtes de ce genre, la *Suzanna*, de Vlaardingen, et un chalutier appartenant à la « Hochseefischereitschiffahrt Janzen », de Rostock. Pour ce dernier, M. van Zuylen donne le compte rendu d'une traversée de cent vingt heures par temps impraticable pour des voiliers; ce voyage s'est effectué dans les meilleures conditions avec le moteur à pétrole. Il semble, toutefois, très difficile de substituer ce moteur à la machine à vapeur sur les bâtiments dont les formes ne seraient pas celles d'un bon voilier.

M. DE FARCY présente une note sur *l'adoption avantageuse du moteur à pétrole par les bateaux* pour se rendre sur les lieux de pêche et pour la manœuvre des treuils. Il indique le mode de placement de l'hélice, sans compromettre la solidité de l'étambot, l'arbre sortant de la coque à côté de la mèche du gouvernail et au-dessus du safran. Dans ces conditions, le moteur à pétrole n'est utilisable pour la marche que par temps calme.

M. DE BÉTHENCOURT demande à quel prix revient le cheval-heure du moteur à pétrole et combien coûte ce moteur pour un chalutier de 25 tonneaux ou environ?

M. DE FARCY répond que la consommation est de 400 grammes par cheval-heure et le prix de la machine d'environ 7,000 à 8,000 francs.

M. le capitaine de vaisseau J. PUECH signale la difficulté de la mise en place de l'hélice pour les bâtiments à faible tirant d'eau.

M. LE PRÉSIDENT dit que la question du moteur à pétrole a été étudiée depuis quelques années par la Direction de la marine marchande française. On sent, en effet, que pour concurrencer la pêche par vapeur, il faut munir les voiliers d'une petite machine leur permettant d'aller et de venir lorsque le vent ne leur est pas favorable. Le moteur doit aussi rendre les plus grands services pour relever le chalut. Les enquêtes de la Direction de la marine ont fait constater que les essais tentés à Grimsby ont donné de mauvais résultats, mais que cela provenait des mauvaises dispositions adoptées par les constructeurs. Néanmoins, la Direction cherche un moteur vraiment « rustique »; elle le placera sur un voilier qui, allant de port en port, sera soumis à l'examen des pêcheurs.

M. G. H. HELGERUD, de Trondhjem, a armé le premier voilier norvégien sur lequel on ait placé un moteur à pétrole. Il ne l'emploie qu'à défaut du vent et il en est très satisfait. Il sait aussi qu'il y a beaucoup de bateaux mixtes du même genre dans les ports du Danemark. Il n'en a entendu dire que du bien.

Sur la proposition de MM. VAN ZUYLEN et DE FARCY, le vœu suivant est adopté :

Que les Gouvernements mettent à l'étude l'emploi des moteurs à pétrole à bord des bateaux de pêche.

M. DE BÉTHENCOURT demande d'ajouter à ce vœu celui qui a été émis par le Congrès international de la marine marchande, car les droits divers qui frappent l'importation des pétroles empêchent d'en essayer l'emploi.

La Section adopte, en conséquence, le vœu additionnel :

Que l'importation et l'emploi du pétrole soient facilités, au point de vue fiscal, pour les industries maritimes.

Le capitaine de corvette don Adolfo NAVARETE présente un mémoire sur *la pêche en Espagne*; il y mentionne les espèces capturées et les engins les plus employés. Pour ceux qui voudraient de plus amples renseignements, le commandant Navarrete dépose sur le bureau son *Manual de ictiologia marina*.

M. DE BÉTHENCOURT dit qu'il a été très frappé par un passage du mémoire qui vient d'être lu : la mer territoriale espagnole s'étendrait, pour la police des pêches, à 6 milles de la côte. Or, en France, la limite territoriale a été ramenée de 6 milles à 3 milles par le décret du 22 février 1862. On se trouve dans cette situation vraiment étrange : un engin prohibé pourra, sans être soumis à la surveillance française, être employé par un bateau espagnol pêchant, par exemple, à 3 milles 1/2 de la côte française; par contre, un français sera soumis à la police maritime espagnole s'il vient travailler à ladite distance de 3 milles 1/2 du littoral de l'Espagne.

M. le commandant PUECH fait observer que l'étendue de la mer territoriale reste encore à déterminer : c'est un principe de droit international que la limite de cette mer est celle de la portée du canon : *Terra dominium finitur ubi finitur armorum vis.*

M. DE BÉTHENCOURT dit qu'il n'ignore pas ce principe; mais que, dans la pratique, on fixe à 3 milles la limite des eaux territoriales; c'est ce qui a été fait, notamment, pour la pêche dans la Manche et dans la mer du Nord.

M. le commandant DE NAVARETE rappelle que le Congrès international des pêches maritimes, tenu à Bergen en 1898, a émis le vœu qu'une entente intervienne entre les puissances pour étendre à 10 milles, ou au moins à 6 milles la limite des eaux territoriales. Ce chiffre de 6 milles a été adopté dans la convention hispano-portugaise pour la pêche.

M. LE PRÉSIDENT dit que cette question pourrait se rattacher au vœu suivant, présenté par M. DE NAVARETE :

Qu'une Commission internationale soit instituée à l'effet d'établir une réglementation internationale des pêches maritimes.

M. GROUSSET, président du Syndicat des marins pêcheurs des Sables-d'Olonne, demande la parole. Il lit un mémoire tendant à établir *la nécessité d'interdire l'emploi de l'otter-trawl ou chalut à panneaux*, engin qui dévaste les mers. Ce filet se trouve à bord des grands chalutiers à vapeur, qui font une concurrence ruineuse aux marins pêcheurs; c'est pourtant à ces marins et non aux riches capitalistes que la loi française a réservé le monopole des pêches maritimes.

M. LE PRÉSIDENT dit que le vœu du commandant de Navarete et celui de M. GROUSSET peuvent être utilement renvoyés à la séance générale où doit être traitée la création d'une Commission internationale.

M. BEZANÇON, de Paris, présente au nom de M. Martin THOMAS, de Groix, un mémoire sur *la pêche des crustacés*. Il signale la rareté croissante de ces animaux : tel bateau de Groix qui pêchait, il y a quinze ans, 400 à 500 crustacés par semaine, n'en capture plus que 60 à 80. Ce dépeuplement de la mer provient de ce que la pêche de la langouste et du homard est libre toute l'année. Les règlements prescrivent bien de rejeter à la mer les animaux grainés, mais cela ne se fait pas et ne peut se faire. Il serait utile d'interdire la pêche des crustacés pendant la période du frai, c'est-à-dire du 15 novembre au 15 mars. Les Espagnols ont une interdiction de ce genre, aussi trouve-t-on chez eux abondance de crustacés : plus de 20 bateaux-viviers vont actuellement acheter les langoustes en Espagne, car la France n'en fournit plus assez.

M. LE PRÉSIDENT dit qu'il a fait une étude particulière de cette question et il estime qu'on ne peut interdire la pêche du homard en même temps que celle de la langouste, car le homard est plutôt grainé vers les mois de juillet et août. Il serait peut-être préférable d'obliger à conserver en viviers les femelles grainées, car les petits crustacés provenant de l'éclosion des œufs seraient emportés par la mer et serviraient ainsi au repeuplement.

M. DEHA demande s'il ne serait pas possible d'encourager par des primes l'apport des langoustes et des homards grainés aux propriétaires de viviers.

M. THOMAS croit que les petits homards éclos en viviers et emportés par la mer peuvent être considérés comme perdus. En effet, pour se développer, ils doivent vivre dans les fonds tranquilles, où les crustacés se capturent habituellement.

M. LE PRÉSIDENT propose d'émettre le vœu suivant, présenté par M. le commissaire général NEVEU, et qui est adopté à l'unanimité :

Le Congrès émet le vœu *qu'une enquête soit faite par l'Administration de la marine, dans le but de rechercher les meilleurs moyens de protéger efficacement les homards et les langoustes pendant l'époque de la ponte.*

L'heure étant avancée, M. LE PRÉSIDENT renvoie la suite des travaux au mardi 18 septembre et lève la séance.

SÉANCE DU 18 SEPTEMBRE 1900.

La séance est ouverte à 9 heures du matin, au Palais des Congrès.

M. LE PRÉSIDENT invite MM. le commandant NAVARETE, délégué de l'Espagne, et Amédée ODIN, premier adjoint et délégué des Sables-d'Olonne, à prendre place au bureau.

M. le commissaire général NEVEU propose la création et la tenue régulière par les patrons de livrets de pêche, indiquant les lieux, circonstance et importance de leurs pêches. On aurait ainsi des documents précieux pour la statistique et pour la solution de tant de problèmes scientifiques: époques du frai, zones de stabulation, migration des espèces, etc.

M. DE BETHENCOURT, délégué du Portugal, dit qu'il ne faut pas émettre de vœu irréalisable, et celui qui est présenté lui paraît absolument contraire à tous les usages commerciaux et industriels. Quel négociant, en effet, ou quel fabricant auraient la naïveté d'indiquer à des concurrents le lieu où ils se procureront à meilleur compte la matière de leur commerce ou de leur industrie? Si les renseignements sont exigés des pêcheurs, ils en donneront de faux, et la science sera ainsi frustrée.

MM. TÊTARD-GOURNAY, armateur, délégué de la chambre de commerce de Boulogne; le pilote GROUSSET, délégué des Sables-d'Olonne; COSTE, armateur, délégué de Tunis; A. GELÉE et J. LEGAL, armateurs, délégués de la chambre de commerce de Dieppe, déclarent partager l'opinion de M. de Bethencourt.

M. LE PRÉSIDENT annonce que le vœu sur la création du livret de pêche est retiré par son auteur.

M. le commissaire général NEVEU demande la création d'un brevet de patron-pêcheur et l'augmentation de la demi-solde pour les patrons qui auront exercé un commandement pendant quatorze années.

M. LE PRÉSIDENT propose de scinder le vœu et ouvre la discussion sur la première partie, concernant le brevet.

M. ODIN dit que le patron est surtout l'homme de confiance de l'armateur; on ne confie un bateau qu'à celui qui a fait ses preuves au point de vue pratique; les marins n'embarquent sous les ordres d'un homme que s'ils lui reconnaissent une supériorité réelle.

M. Odin ajoute qu'il parle ainsi en toute indépendance; créateur de l'école

4.

des pêches des Sables-d'Olonne, il aime et désire l'instruction théorique des marins, mais il sait aussi qu'un véritable marin pêcheur ne se forme pas sur les bancs d'une école.

M. GELÉE dit qu'il estime, lui aussi, le marin instruit, mais en sa qualité d'armateur, il aime surtout le marin qui rapporte de belles pêches.

M. LEGAL ne peut, comme armateur, que partager l'opinion de M. Gelée.

M. GROUSSET, délégué des Sables, dit que la création du brevet ne fera que des théoriciens, et que les vrais pêcheurs s'opposeront de toutes leurs forces à voir prendre obligatoirement le commandement de leurs bateaux par des gens auxquels ils ne reconnaîtront pas une supériorité pratique, une longue expérience.

M. le commissaire général NEVEU proteste contre l'intention qu'on semble lui prêter : il a demandé la création d'un brevet de patron, mais il n'a pas dit que ce brevet sera obligatoire.

M. C. DE BETHENCOURT estime que la création d'un brevet de patron serait dangereuse : au bout de quelques années on se demandera, en haut lieu, s'il ne faut pas donner une sanction plus forte qu'un bout de papier, et le brevet deviendra obligatoire.

M. le député GAUTRET déclare être du même avis: un jour ou l'autre, le brevet créerait un privilège que réclameraient les diplômés. Que les écoles de pêche délivrent, si elles le veulent, un certificat d'études professionnelles, mais que l'État n'intervienne pas à ce sujet !

M. LE PRÉSIDENT dit que par suite de la transformation subie par l'industrie des pêches et, notamment, par suite de l'éloignement chaque jour plus grand des lieux d'opération, l'instruction théorique du patron paraît indispensable; cette instruction serait constatée par le brevet ou le diplôme.

M. le député GAUTRET signale que s'il a parlé d'un « diplôme » au lieu d'un « brevet », c'est parce que le diplôme est un simple certificat d'études spéciales, tandis que le brevet est un instrument public qui confère des droits; l'État peut retirer le brevet d'un maître au cabotage privé de son commandement, il ne peut lui réclamer son certificat d'études.

M. LE PRÉSIDENT annonce que l'auteur retire la première partie de son vœu et n'en laisse subsister que la seconde ainsi conçue :

Le Congrès émet le vœu que la pension dite demi-solde soit augmentée pour les marins ayant exercé pendant quatorze ans le commandement d'un bateau de pêche.

Le vœu est adopté à l'unanimité.

LE SECRÉTAIRE donne lecture d'une lettre de M. Vincent COUSIN, de Comines, qui signale les heureux résultats obtenus avec le tannage préalable des fils servant à la confection des filets, des pilles et des lignes. D'après les expériences qu'il a fait faire en Bretagne avec le coton poli pour filets à maquereaux, ce textile serait plus pêchant que le chanvre et sécherait plus vite.

M. le commissaire général Neveu propose un vœu tendant à la création de cantonnements où le poisson puisse se reproduire et se développer en « toute sécurité ».

M. Odin dit qu'il est heureux de pouvoir fournir des renseignements précis sur la question : chargé du cantonnement de Saint-Gilles, il a pu en constater l'inefficacité. D'autres, plus heureux, auraient obtenu de bons résultats à l'Abervrach, à Endoume et ailleurs, peut-être. Sur le cantonnement de Saint-Gilles, il n'y a eu aucun fait tendant à prouver l'efficacité des réserves; la surveillance était bonne cependant et les observations ont eu lieu tous les quinze à vingt jours. En Angleterre, on semble arriver à la même conclusion qu'à Saint-Gilles. Le décret du 10 mai 1862 qui a créé en France les cantonnements maritimes reflète les idées de Coste sur la reproduction des poissons. L'État actuel de nos connaissances à ce sujet n'autorise pas à exiger des marins un sacrifice tel que l'interdiction de toute pêche dans une partie étendue du littoral.

M. le commissaire Pottier rappelle qu'il existe des réserves de ce genre dans le bassin d'Arcachon et que l'on ne formule pas de plainte à ce sujet.

M. le commissaire général Neveu constate que le poisson fourmille littéralement dans les ports de guerre, où la pêche est interdite.

M. Coste, armateur à Tunis, dit que le poisson se reproduit certainement sur la côte et dans les golfes de la Tunisie; des cantonnements y seraient utiles.

M. le Président ne se prononce pas en ce qui concerne la Tunisie, mais pour le littoral océanique, tout au moins, il peut dire que le poisson plat ne se reproduit qu'au large; il vient sur la côte à un certain âge; cette migration se fait du large perpendiculairement au littoral. La côte, à ce point de vue, se trouve naturellement divisée en bandes parallèles; interdire la pêche dans une de ces bandes est sans influence sur la bande voisine. On pourrait donc proposer de protéger la zone littorale où vient le jeune poisson. La meilleure protection serait la prohibition de la senne ou, d'une façon plus générale, des filets traînants halés à terre.

M. Odin a pu constater que, à droite et à gauche du cantonnement de Saint-Gilles, le rendement de la pêche était égal sinon supérieur à celui de la réserve.

M. le député Gautret félicite M. le Président de vouloir bien parler non en fonctionnaire pour qui le décret du 10 mai 1862 est parole d'évangile, mais en savant consciencieux et désintéressé.

M. Gautret propose ensuite de remplacer le vœu de M. le commissaire général Neveu par la motion suivante :

Le Congrès, considérant que les études actuellement terminées au Ministère de la marine française ont démontré l'inutilité des cantonnements sur la côte océanique au point de vue spécial de la reproduction du poisson, émet le vœu que de nouvelles études soient ordonnées à l'effet de protéger le poisson plat et signale, notamment, l'emploi du filet traînant halé à terre comme pouvant nuire à la pêche.

M. le capitaine de vaisseau Drechsel, délégué du Danemark, demande si, au lieu d'interdire le filet susmentionné, on ne pourrait pas se borner à lui imposer un maillage plus large.

M. le Président et M. Grousset font observer que la dimension des mailles serait sans importance, parce que les pêcheurs ont des procédés de halage qui enlèverait toute efficacité au nouveau maillage.

M. le Président ajoute que pour le littoral océanique de la France il n'y a pas plus de 200 senneurs, presque tous dans le deuxième arrondissement maritime, et que l'on pourrait leur donner une indemnité.

Le vœu de M. Gautret, mise aux voix, est adopté.

M. Cardozo de Bethencourt rappelle les vœux antérieurement émis par les Congrès de pêche au sujet des feux de route des bateaux de pêche. Il présente le vœu suivant :

Que les puissances arrivent le plus tôt possible à une entente internationale pour la réglementation des feux des bateaux de pêche.

M. Tétart-Gournay désire que les nouveaux feux indiquent non seulement la route, mais aussi l'action de pêche dans lesquels se trouve le bateau.

Le vœu de M. de Bethencourt, mis aux voix, est adopté.

M. Tétard-Gournay signale les actes coupables de certains pêcheurs étrangers et propose le vœu ci-après, qui est adopté :

Qu'un second bateau garde-pêche français soit affecté à la surveillance, dans la mer du Nord, des bateaux faisant la pêche aux arts traînants.

M. de Bethencourt présente à la ratification de la section le vœu suivant émis par le Congrès international de la Marine marchande :

Que les puissances se mettent d'accord pour interdire à la navigation, sous la sanction de lois répressives à édicter par chaque gouvernement, certaines zones déterminées affectées à la pêche.

Ce vœu, mis au voix, est adopté.

M. Coste dit qu'il ne veut pas recommencer la discussion sur les cantonnements; mais il connaît, pour y avoir travaillé, la nature des fonds et la configuration du littoral de la Tunisie. Il propose, en conséquence, le vœu suivant :

Étant donnés les fonds et la conformation des côtes tunisiennes, le Congrès émet le vœu que les pouvoirs publics se préoccupent de créer des cantonnements en Tunisie.

Ce vœu, mis aux voix, est adopté.

M. le Président remet au secrétaire de la section les mémoires ci-après, qui ne peuvent être utilement discutés en l'absence des auteurs :

1° *Le lavoriero de pêche dans la lagune de Comacchio,* par M. A. Bellini ;

2° *La pêche des éponges,* par M. Georges Weil, de Paris.

L'ordre du jour étant épuisé, M. le Président déclare que les travaux de la 3ᵉ section sont clos.

3° SOUS-SECTION.

SÉANCE DU 18 SEPTEMBRE 1900.

PRÉSIDENCE DE M. DEHA, *Président.*

La séance est ouverte à 4 heures.

Il est donné lecture d'une notice dans laquelle M. L. DESPRY a résumé la *législation officielle aux yachts et embarcations de plaisance qui se livrent à la pêche.*

La section adresse ses remerciements à M. Despry pour son intéressante communication au sujet de laquelle les observations suivantes sont présentées :

1° Les circulaires des 26 juillet et 13 août 1898 comportent une restriction au droit reconnu aux inscrits maritimes par les lois et règlements en vigueur de pratiquer la pêche en tous temps et sans limitation d'engins.

2° Cette restriction est d'autant plus regrettable que, à bord d'un grand nombre de yachts, les hommes de l'équipage reçoivent une allocation comprenant leur nourriture, à laquelle ils ont à pourvoir, et, par suite, ils se trouvent privés d'une ressource qui leur procurerait des aliments économiques, sains et auxquels ils sont habitués.

3° Les quelques jours que la circulaire du 13 août 1898 permet de consacrer à la pêche sont absolument insuffisants pour poursuivre des études dont les résultats peuvent être très utiles pour nos intéressantes populations maritimes.

En conséquence, la section, considérant que la prohibition absolue de la vente du poisson et les pénalités établies, en cas de contravention, par le décret-loi du 19 mars 1852, sont suffisantes pour empêcher les yachts de se livrer à des pêches intensives et par suite destructives, propose au Congrès d'émettre les vœux suivants :

A. *Que des démarches soient poursuivies auprès du Ministère de la marine pour obtenir l'exonération de la taxe établie par la circulaire du 13 août 1898 en faveur des yachts dont l'équipage est composé d'inscrits maritimes.*

B. *Que le nombre des sorties des yachts se livrant à des études relatives à la pêche ne soit pas limité.*

M. Clerc RAMPAL a envoyé une note sur *la pêche en Méditerranée* et *une curieuse monographie du plaisancier.* Le secrétaire en donne lecture.

La section appuie les vœux qu'elle contient et les transmet à la 3ᵉ section.

M. LE SECRÉTAIRE donne également lecture d'un mémoire que M. A.-Y. LE

Bras a présenté sur les *perfectionnements qu'il propose d'apporter aux lignes de pêche.*

La section exprime le désir qu'elle soit reproduite *in extenso* avec les planches explicatives dans le volume des travaux du Congrès.

Il est désirable que les méthodes préconisées par M. Le Bras puissent, grâce à la publicité que leur donnera le Congrès, être soumise à de nombreuses expériences dont les résultats seraient utilement étudiés dans le prochain congrès.

Cette observation s'applique également aux lignes, pour la pêche du colin et de la dorade, dont M. Néron a déposé les modèles sur le bureau de la section.

M. Néron est prié d'envoyer de ses engins une description détaillée qui, insérée dans le volume des travaux du Congrès, permettra la comparaison avec les méthodes de M. Le Bras.

L'ordre du jour étant épuisé la séance est levée à 6 heures.

5ᵉ SECTION.

SÉANCE DU SAMEDI 15 SEPTEMBRE 1900.

Présidence de M. ROUSSIN, *Président.*

La séance est ouverte à 10 heures du matin.

M. Antonio Valle, conservateur du Musée d'histoire naturelle de Trieste, communique au Congrès une notice fort intéressante relative à *l'ostréiculture sur les côtes de l'Adriatique.* Après avoir décrit les divers modes de collecteurs employés et les résultats obtenus par l'emploi de chacun d'eux, M. A. Valle signale le tort fait à l'ostréiculture par la crainte de la propagation de la fièvre typhoïde au moyen de l'huître et des autres mollusques; il demande au Congrès de vouloir bien émettre le vœu *que tous les Gouvernements prennent telles dispositions qu'ils jugeront convenables pour rassurer les consommateurs.*

Ce vœu est adopté à l'unanimité.

Il est donné ensuite lecture d'une communication de M. le professeur D. J. Cunningham, de Dublin, concernant des *expériences faites en Cornouailles dans l'estuaire de la rivière Fal, près Falmouth, sur l'ostréiculture.* Les procédés français et hollandais de récolte du naissin viennent d'être expérimentés dans cette région, ainsi que la caisse à parois métalliques; on a également utilisé des coquilles d'huîtres comme collecteurs : les premiers résultats de ces essais ont été satisfaisants.

M. H. Saunion, de Londres, complète les renseignements donnés par M. Cunningham, notamment sur l'épandage des coquilles d'huîtres et de sourdons sur les bancs naturels, afin d'y constituer des collecteurs. Ces collecteurs, une fois garnis et les huîtres arrivées à maturité, sont dragués, et les huîtres, après après avoir été détachées, sont livrées à la consommation.

La 5ᵉ section remercie MM. Cunningham et Saunion de leurs intéressantes communications.

Une note de M. D. Jardin, d'Auray, président de la Société ostréicole du bassin d'Auray, après avoir exposé les origines de cette société, son but et les services qu'elle a rendus jusqu'à ce jour, signale en quelques mots les charges nombreuses qui pèsent sur l'huître et en font un aliment de luxe : il voudrait que les ostréiculteurs agissent auprès des Pouvoirs publics pour améliorer leur situation, notamment au point de vue des octrois et des frais de transport.

La 5ᵉ section décide qu'elle présentera un vœu dans ce sens à l'assemblée générale.

Il est enfin donné lecture d'une note de M. le docteur Lalanne, de la Teste, relative à la *Société coopérative de cette ville.*

La séance est levée à midi, et la suite des discussions renvoyée au lundi 17 septembre à 9 h. 1/2 du matin.

SÉANCE DU LUNDI 17 SEPTEMBRE 1900.

PRÉSIDENCE DE M. ROUSSIN, *Président.*

M. le docteur Hoek, délégué du Gouvernement des Pays-Bas, présente un mémoire *sur l'ostréiculture en Zélande*; après avoir décrit la partie de l'embouchure de l'Escaut où sont situés les établissements ostréicoles, il signale la crise physiologique par laquelle passe actuellement l'huître zélandaise; une enquête sur les causes du ralentissement de l'engraissement du mollusque en question a été confiée à M. Hoek et ce sont les premiers résultats de cette enquête qu'il développe; il ressort de ses premières constatations que, si la coquille augmente dans une certaine proportion, le poids du poisson reste stationnaire.

Des considérations sur l'engraissement de l'huître en France, notamment à Arcachon et en Bretagne, sont présentées par MM. Jousset de Bellesme, Mouliets et Leseur.

Il est ensuite donné lecture d'une note de M. le docteur Mosny relative à l'enquête à laquelle il a procédé sur la salubrité des établissements ostréicoles; il conclut en disant que les accidents provoqués par l'ingestion des huîtres ont soulevé une émotion légitime mais disproportionnée avec la fréquence du danger. Par une surveillance active, on assurera la salubrité parfaite des parcs et des dépôts et l'innocuité indiscutable de leurs produits.

Il est enfin communiqué à la 5ᵉ section une notice bibliographique sur *le verdissement des huîtres* et un mémoire de M. le docteur P. van Meerdewoot sur *l'ostréiculture en Hollande.*

L'ordre du jour étant épuisé, la séance est levée à 11 h. 1/2.

6ᵉ SECTION.

SÉANCE DU VENDREDI 14 SEPTEMBRE 1900.

Présidence de M. V. HUGOT, *Président.*

La séance est ouverte à 2 heures.

M. le Président donne la parole à M. le chanoine Blanchard, aumônier de l'hôpital de la Rochelle, pour la lecture de son mémoire sur *la fabrication des fleurs artificielles avec les écailles de poissons.*

M. le Président fait remarquer que le procédé indiqué par M. le chanoine Blanchard peut rendre de grands services aux pêcheurs en utilisant des déchets jusqu'alors perdus.

M. Gauthier donne connaissance de son rapport sur *le transport du poisson frais.* La discussion des conclusions de ce rapport est renvoyée à une date ultérieure, afin d'entendre également, avant d'émettre des vœux, la lecture des autres mémoires touchant les mêmes sujets.

M. le Secrétaire, en l'absence de M. Lerchenthal, donne lecture de son intéressant travail sur *l'écaille.*

La séance est levée à 5 heures.

SÉANCE DU SAMEDI 15 SEPTEMBRE 1900.
10 HEURES MATIN.

Présidence de M. V. HUGOT, *Président.*

M. le Secrétaire donne lecture du très intéressant rapport de M. Sarassin sur *les perles et nacre.*

M. Ponpe van Meerdewoot fait ensuite une communication sur *l'industrie de l'huile et de l'engrais de poisson.* Il indique à ce sujet la difficulté de se procurer la matière première et propose l'établissement d'une statistique des passages de différents poissons, afin d'avoir une base pour les achats.

M. le Président l'invite à formuler un vœu qui sera discuté dans une prochaine séance.

M. Coste propose que les Gouvernements encouragent par des primes la pêche des poissons nuisibles tels que squales, requins, etc., qui pourront servir aussi aux industries de l'huile et de l'engrais.

Ce vœu sera également discuté dans une prochaine séance.

M. le Secrétaire lit un rapport de M. Gilles, dont la conclusion tend à la suppression des droits d'octroi sur les poissons et coquillages ordinaires, tels que moules, chiens de mer, maquereaux, etc.

Ce vœu est adopté et sera soumis au Congrès en séance générale.

Il est donné lecture d'un rapport de M. Sepé tendant à la suppression de tout droit d'octroi. En l'absence de l'auteur, aucun vœu n'a été formulé comme conclusion à ce rapport.

La séance est levée à 11 heures.

SÉANCE DU MARDI 18 SEPTEMBRE 1900.
MATIN.

Présidence de M. V. HUGOT, *Président.*

La séance est ouverte à 10 h. 3/4.

M. le Président donne lecture d'une addition faite au programme du Congrès.

Par suite de diverses circonstances, il a été reconnu nécessaire de tenir une séance générale demain mercredi à 10 heures du matin, séance dans laquelle seront discutés en assemblée générale les vœux émis par les différentes sections.

M. le Président annonce ensuite que M. Gauthier, secrétaire, s'est excusé de ne pouvoir assister à la séance; M. Maire, secrétaire général adjoint, voudra bien le remplacer dans ses fonctions.

Deux mémoires ont été déposés sur le bureau : le premier, par M. Borodine, commissaire général des Pêcheries, à Saint-Pétersbourg; le deuxième, par M. Altazin, juge au Tribunal de commerce, secrétaire du Syndicat des armateurs de pêche de Boulogne-sur-Mer.

M. Borodine, retenu dans une autre section, a prié M. le Président de l'excuser.

Le mémoire de M. Borodine traite de *la construction d'usines frigorifiques en vue de la congélation du poisson*, spécialement en Russie, où des capitaux trouveraient aisément un placement rémunérateur.

Ce mémoire, étant très volumineux, ne saurait être lu en entier pendant la séance; le Secrétaire donne seulement lecture du résumé préparé par l'auteur.

M. LE PRÉSIDENT expose que le travail de M. Borodine est très intéressant, mais que le Congrès actuel ne peut voter ses conclusions tendant à l'utilisation de capitaux en Russie, puisqu'il est entendu que les vœux doivent être internationaux.

Il prie le Secrétaire de dégager un vœu d'une portée générale qui sera soumis au vote de l'assemblée.

La parole est donnée à M. MUZET, député de Paris, qui désire traiter la question du *transport du poisson*.

M. MUZET donne lecture d'une partie du discours qu'il a prononcé à la Chambre des députés, le 3 juillet 1899, sur la question.

Il signale les entraves apportées au transport régulier du poisson et à son écoulement sur le marché de Paris notamment, par suite des retards que subit l'arrivée des trains dans la capitale.

Bien qu'on ait semblé prendre en considération les critiques qu'il avait formulées, M. Muzet constate qu'il n'y a eu, pour ainsi dire, aucune amélioration apportée dans la situation.

Il se propose de poser de nouveau la question devant le Parlement français à l'occasion de la discussion du budget, mais il propose en attendant de renouveler les vœux précédents émis.

M. ROUSSIN, commissaire général de la Marine, en retraite, entretient l'assemblée des conditions défectueuses dans lesquelles sont forcées de fonctionner les sociétés coopératives de marins-pêcheurs, en ce qui concerne la vente du poisson.

Il serait indispensable de commissionner des agents spéciaux qui seraient chargés de surveiller l'arrivage du poisson aux Halles, afin de signaler d'une façon officielle les défectuosités du service de livraison des compagnies de chemins de fer.

Il y a aussi la question des tarifs à reviser d'une façon équitable pour les différents points du territoire.

Paris est privilégié, mais les autres grands centres de la province, qui fourniraient cependant un appoint considérable dans la consommation du poisson, sont complètement déshérités.

Aussi le poisson est-il plus cher au Mans qu'à Paris, malgré sa proximité relative de la mer.

Il y a certainement là une réforme à faire aboutir.

La parole est ensuite donnée à M. ALTAZIN pour la lecture d'un très intéressant rapport sur *le transport du poisson*.

L'orateur attire l'attention de l'assemblée sur l'importance qu'a prise depuis quelques années la « pêche à vapeur » et qu'il conviendrait de développer encore.

Il examine ensuite le tarif général commun aux grandes compagnies françaises et leurs tarifs spéciaux. Il les compare aux tarifs de quelques pays étrangers.

Il étudie ensuite les délais de transport, d'après la jurisprudence de la Cour de cassation, les itinéraires à suivre, le chargement dans les trains, la remise en gare et le mode de livraison et conclut en soumettant à la section un certain nombre de vœux tendant à améliorer la situation.

M. le Président se voit obligé de rappeler à M. Altazin, comme aux orateurs précédents que leurs communications sont sans doute du plus haut intérêt, mais qu'il ne lui est pas possible, en tant que président de section d'un congrès éminemment international, de soumettre au vote les vœux qui n'auront pas revêtu ce caractère général.

M. le docteur Pineau, de la Rochelle, expose qu'il serait aussi très utile que l'on déterminât les meilleurs modes d'emballage du poisson pour assurer son transport dans les meilleures conditions.

Sont-ce les caisses? sont-ce les paniers qui sont préférables?

Il restait à désirer que les différents gouvernements missent la question à l'étude en allouant les crédits nécessaires pour faire les expériences utiles et en publier les résultats.

Le comte Crivelli Serbelloni rappelle que le transport du poisson intéresse non seulement les États en particulier à l'intérieur de leurs frontières, mais tous les pays en général en raison de leurs échanges internationaux.

Il conviendrait donc, puisqu'il s'agit d'améliorer la condition des marins-pêcheurs, à quelque nationalité qu'ils appartiennent, de ne pas se borner à remanier les tarifs de chemins de fer, mais aussi ceux de douane.

Après quelques considérations échangées sur les diverses questions examinées pendant l'ensemble de la séance, M. le Président met aux voix les vœux ci-après, lesquels sont adoptés à l'unanimité par la Section.

Le Congrès émet le vœu *que les différents Gouvernements favorisent les tentatives de congélation du poisson, en vue :*

1° De l'amélioration du sort des marins-pêcheurs, par la sécurité de placement d'une marchandise éminemment corruptible ;

2° De la régularisation des prix de vente du poisson ;

3° De l'alimentation à bon marché de la population ouvrière.

Le Congrès émet le vœu *que les différents Gouvernements encouragent la construction de bateaux à vapeur destinés à recueillir au large le produit de la pêche (chasseurs à vapeur) en vue d'une meilleure utilisation de ces produits.*

En vue de favoriser la pénétration des produits de la pêche dans les régions où, jusqu'à présent, ils n'ont pu être utilisés qu'en faible proportion, le Congrès émet le vœu *que les différentes compagnies de chemins de fer adoptent des tarifs uniformes et abrègent le plus possible les délais en vigueur pour le transport de ces produits.*

Le Congrès émet le vœu *que des subventions soient accordées par les différents Gouvernements pour permettre de rechercher quels sont les meilleurs modes :*

1° De préparation des poissons sur les lieux de pêche ;

2° *D'emballage des poissons frais, afin d'assurer leur transport dans les meilleures conditions.*

La séance est levée à midi.

7ᶜ SECTION.

SÉANCE DU 14 SEPTEMBRE 1900.

Présidence de M. CACHEUX, *Président.*

La séance est ouverte à 2 heures.

M. le docteur Aumont donne lecture d'une relation sur les *bateaux-hôpitaux.* Il indique la marche à suivre à bord d'un bateau en cas d'accidents. Il signale ce qui se passe en Hollande, où l'État a organisé des cours dans les principaux ports pour instruire les marins-pêcheurs, de façon à leur permettre de soigner les victimes d'accidents en attendant l'arrivée d'un médecin.

En Allemagne, des cours ont été créés par des sociétés privées pour former *les Samaritains.*

En Angleterre, la Société des *Ambulanciers de Saint-Jean* a inauguré les premiers cours de ce genre.

En France, le Département de la marine a publié une brochure dite *Le Médecin de papier.*

Aux Sables-d'Olonne et dans la région, la généralité des bateaux de pêche possèdent à bord une boîte de secours.

Sur cette question discutée et à laquelle ont pris part MM. Cacheux, le docteur Baret, le colonel van Zuylen et de Béthencourt, le vœu suivant a été émis :

Il serait désirable d'armer des bateaux à vapeur qui donneraient les premiers soins aux malades et aux blessés sur les lieux de pêche et pourraient servir d'écoles ambulantes d'infirmiers maritimes pendant les mois qui suivent la campagne des grandes pêches.

Lecture est donnée du rapport de M. Mortenol, lieutenant de vaisseau, sur *les institutions coloniales de prévoyance pour les marins-pêcheurs.*

Ce rapport invite les populations maritimes des centres maritimes coloniaux à organiser des sociétés de secours et d'assurance de matériel comme il en existe en France.

L'auteur du rapport annexe à son travail un modèle de statuts pour une association de prévoyance.

La Section approuve le rapport de M. Mortenol et émet le vœu *qu'il serait à souhaiter de propager les institutions de prévoyance dans les colonies françaises où la pêche tend à se développer.*

M. Cacheux donne lecture de deux notes, l'une envoyée de Castellamare et l'autre adressée de Naples.

Dans cette dernière région, il n'existe pas d'institutions officielles de prévoyance ; mais des confréries fonctionnent, indépendantes et libres depuis un temps très reculé. Elles accordent des secours pharmaceutiques et médicaux.

D'après une relation reçue de Barcelone, il existe dans ces pays des syndicats professionnels où sont affiliés les patrons-pêcheurs. Ces associations possèdent des embarcations qu'elles prêtent aux adhérents. Elles ont une existence légale.

M. CARDOZO DE BÉTHENCOURT signale le fonctionnement de diverses autres sociétés de secours mutuels et notamment d'une société dite *Cofradia*, qui secourt les marins-pêcheurs en cas de sinistres.

Outre ces diverses institutions, les sociétés dites *Cofradia* garantissent leurs adhérents contre les accidents professionnels et leur remboursent la totalité des dommages en cas de perte du matériel de pêche.

Au sujet de cette dernière note, la Section considère que le principe adopté par les Compagnies d'assurances, de ne garantir qu'une partie du risque, doit être étendu aux sociétés diverses d'assurances mutuelles du matériel de pêche fonctionnant tant en France qu'à l'étranger.

La séance est levée à 4 heures.

SÉANCE DU 15 SEPTEMBRE 1900.

PRÉSIDENCE DE M. ÉMILE CACHEUX.

La séance est ouverte à 9 heures.

M. le commissaire général NEVEU fait une communication sur *la protection internationale des pêcheurs côtiers en temps de guerre*.

Il existait au XIV° siècle des trèves de pêche connues sous le nom de *trèves pêcheresses*. Elles avaient pour but d'éviter d'apporter le trouble et la misère dans un milieu industriel et inoffensif et déjà dans un état d'existence précaire.

A ce propos, la Section a émis la vœu que *les marins pêcheurs et l'industrie de la pêche fonctionnant dans les zones diverses de pêche soient protégés et soient placés en état de neutralité en temps de guerre*.

M. SPOTSWOOD GREEN, inspecteur général des pêches en Irlande, présente un rapport sur *le développement de l'industrie des pêches en Irlande et l'instruction des marins-pêcheurs*.

L'auteur expose, avec une grande compétence, l'état actuel de la pêche en Irlande ; il trace un tableau intéressant de la situation géographique et de la production piscicole des côtes irlandaises. Il signale la création de comptoirs de consommation dans l'intérieur du pays ; il expose également la combinaison adoptée par les pêcheurs pour acheter des bateaux par acomptes.

En Irlande, le Gouvernement a créé un fonds spécial qui prête aux pêcheurs de l'argent à un taux modéré, pour leur permettre d'acquérir un matériel perfectionné.

L'instruction des marins est à l'ordre du jour en Irlande. Le *National Board of education* a entrepris cette tâche; malheureusement son cours est le même pour les enfants, qu'ils soient du littoral ou bien de l'intérieur des terres.

Une école de pêche a été fondée à Baltimore. Elle a produit des jeunes gens capables de faire de bons marins-pêcheurs.

L'auteur du rapport estime que les jeunes gens ne peuvent apprendre le métier de pêcheur qu'en pratiquant des exercices en mer. Il y a lieu de faire remarquer, pour faire comprendre cette opinion. qu'en Irlande l'industrie de la pêche est très développée, qu'elle se fait avec des bateaux de forts tonnages, mus par la vapeur et commandés par des capitaines instruits.

En France, la pêche hauturière se fait, dans bien des cas, avec des bateaux dont le patron possède une instruction peu développée au point de vue nautique; il a donc besoin de professeurs pour la compléter. De cette considération sont nées les écoles de pêche patronnées par la Société *l'Enseignement technique et professionnel des pêches maritimes*.

Ce rapport est suivi d'une discussion à laquelle prennent part quelques membres présents avant d'en adopter les conclusions.

M. Cacheux donne connaissance d'un travail qu'il a fait *sur les écoles de pêche en France et à l'étranger*. Ces écoles, qui ont obtenu un vif succès en France, ont pour base le programme suivant :

Enseignement des notions élémentaires de la navigation, — moyen de reconnaître le point à un moment donné, — étude des atterrissages de la région dans laquelle les pêcheurs de la localité pratiquent plus spécialement leur métier, — installation et réparation du gréement des chaloupes de pêche et de leurs engins, — différents modes de conservation du poisson, — réglementation en matière de pêche et d'abordage, — notions pratiques d'hygiène, — marche à suivre pour donner les premiers soins, avant l'arrivée du médecin, à un malade ou à un blessé.

A la suite de cette communication. M. Cacheux fait également l'historique de la Société *l'Enseignement professionnel et technique des pêches maritimes*.

M. Jean Stewens, directeur de l'Enseignement industriel et professionnel au Ministère du travail de Belgique, parle de l'École de pêche d'Ostende et notamment de l'École libre de cette ville, qui possède un laboratoire pour la préparation du poisson.

M. le colonel van Zuylen soulève la question des diplômes à accorder aux lauréats et signale qu'en Belgique et en Hollande les sociétés privées mais reconnues font passer les examens aux candidats et donnent des diplômes aux plus méritants. M. van Zuylen espère que le Gouvernement accordera son patronage à cette œuvre.

A la suite de cette discussion, les vœux suivants sont exprimés :

Le Congrès émet le vœu qu'il serait utile de développer l'enseignement maritime par la création de nouvelles écoles de pêche, et de compléter l'instruction des élèves de ces écoles par des exercices en mer. En outre, il y aurait lieu de créer des cours spéciaux pour enseigner aux hommes et aux femmes la préparation et l'utilisation des produits de la mer.

Le Congrès émet l'avis que le moyen le plus efficace d'inviter les marins-pêcheurs à suivre les cours des écoles de pêche consiste à créer des diplômes qui seraient décernés aux élèves ayant suivi les cours et justifiant de connaissances suffisantes devant une commission composée de personnes compétentes.

M. le Secrétaire donne lecture du rapport présenté par M. P. Gourret, directeur de l'École de pêche de Marseille, *sur les prud'homies de pêche.*

M. Gourret émet les conclusions suivantes :

1° Durée triennale du mandat des prud'hommes;

2° Fixation à 3o ans de l'âge minimum des prud'hommes;

3° Fixation du nombre des prud'hommes à 3, 5 ou 7, à raison de 1 prud'homme par 100 patrons-pêcheurs;

4° Autorisation du droit de récusation au moins quand l'un des prud'hommes siégeants est parent ou allié de l'une des parties;

5° Frais de déplacement des prud'hommes à la charge de l'autorité maritime;

6° Remplacement des prud'hommes décédés dans le délai maximum d'un mois;

7° Création d'une cour d'appel composée d'autant de membres qu'il y a de prud'hommes dans la juridiction, choisis parmi les anciens prud'hommes, nommés pour une durée de trois ans, avec le mandat de maintenir, modifier ou annuler les sentences prud'homales, sur l'appel de l'intéressé, dans le délai de sept jours pleins à partir du prononcé du jugement;

8° Obligation du service militaire pour les naturalisés pêcheurs.

La séance est levée à 11 h. 1/2.

SÉANCE DU 17 SEPTEMBRE 1900.

Présidence de M. Émile CACHEUX, *Président.*

La séance est ouverte à 9 heures.

M. Cacheux présente une communication sur *les habitations à bon marché en faveur des marins.* A ce sujet, la Section émet le vœu que *les différents Gouvernements procèdent à une enquête sur les conditions des logements des marins-pêcheurs et sur les mesures à prendre pour les améliorer.*

MM. les docteurs O'Followell et H. Goudal présentent une trousse de pansement, et plusieurs membres de la Section prennent la parole et signalent combien il serait nécessaire pour les marins-pêcheurs de posséder à bord une pochette de secours.

La Section, considérant également cette nécessité, émet le vœu *qu'on mette à l'étude les moyens d'assurer aux marins-pêcheurs la fourniture d'une pochette de secours à bon marché.*

M. le docteur Baret fait une communication sur *l'hygiène des marins-pêcheurs à bord.* La question de l'alcoolisme donne lieu à une très intéressante discussion.

MM. Altazin et Tétard-Gournay, tous deux armateurs à Boulogne, disent que les pêcheurs aux harengs, qui ont un travail extrêmement pénible, ne peuvent pas se passer d'alcool; il faut à un labeur excessif un stimulant énergique.

Cette opinion est combattue par M. le docteur Pineau et par M. le docteur Baret.

En Irlande, M. Spottswood Green combat la fatigue en donnant aux marins des infusions de thé et de café; le sucre lui-même peut être efficacement employé comme stimulant. Les marins-pêcheurs américains qui se passent d'alcool produisent autant de travail que nos Terre-Neuviens.

A la suite de la discussion, la Section adopte le vœu suivant :

Le Congrès, reprenant les vœux adoptés par les précédents congrès, émet le vœu que les plus grands efforts soient faits dans les ports de pêche pour améliorer l'hygiène des marins-pêcheurs, tant à bord qu'à terre, et pour donner à ces marins les notions qui leur sont nécessaires à cet effet.

M. le docteur Pineau expose une note *monographique sur le pêcheur rochelais.*

Une phrase de cette monographie ramène la question sur les écoles de pêche, et M. Altazin trouve que l'école de Boulogne aura de grandes difficultés à prospérer, parce que les jeunes marins y sont admis à l'âge de 13 ans et que cet âge est celui où ils commencent à rapporter un peu d'argent à la famille. M. Altazin préfère voir les cours de navigation dans les écoles primaires. M. Hamon réplique qu'à Groix l'école a donné d'excellents résultats et à ce propos il signale l'œuvre de la Société l'*Enseignement technique et professionnel des pêches maritimes,* qui a fait introduire, grâce à M. le Ministre de l'instruction publique, l'instruction nautique dans 427 écoles primaires du littoral.

M. Jules Beaud, directeur de la Compagnie l'*Éternelle* et administrateur de la Société l'*Enseignement technique et professionnel des pêches maritimes,* donne lecture de son rapport sur *l'assurance des marins dans les Pays-Bas.*
Ce travail est très intéressant. M. Beaud y expose le fonctionnement des caisses de secours de divers ports de pêche hollandais et les procédés employés pour obtenir les fonds nécessaires à leur existence; ces procédés reposent, en principe, sur la charité; or il paraît difficile de leur donner une grande vitalité. Il faut renoncer à ce système qui est défectueux pour instituer l'assurance. M. Beaud a recueilli des statistiques qui permettent d'indiquer un taux de prime approximatif.

M. le colonel van Zuylen, délégué de la Société hollandaise d'encouragement des pêches maritimes, confirme les termes du rapport de M. Jules Beaud et déclare que l'exposé de la situation des œuvres d'assistance créées en faveur des marins-pêcheurs hollandais est conforme à ce qui existe dans le pays.

M. van Zuylen annonce qu'un projet de loi relatif à l'assurance des marins est à l'étude et qu'il réglera convenablement la situation des marins au point de vue des risques qu'ils ont à subir.

MM. HAMON et DELÉARDE présentent un travail d'ensemble sur *les sociétés de secours mutuels et sociétés françaises d'assurances pour la reconstitution du matériel de pêche.*

71 sociétés de secours et 54 sociétés de matériel fonctionnent dans différents ports; beaucoup d'entre elles sont à la hauteur de leur mission, mais il convient de signaler que la loi du 21 avril 1898, créant une caisse de prévoyance en faveur des marins français, est un obstacle à leur développement, certaines même seront obligées de liquider.

M. LE BOZEC, commissaire principal de la Marine, en congé, hors cadres, administrateur délégué de la Société anonyme à capital variable *la Pêche coopérative*, présente un travail sur *la coopération entre marins-pêcheurs.*

M. CACHEUX souhaite la bienvenue à M. le comte SERBELLONI, délégué du Gouvernement italien, et regrette que la mort n'ait pas permis au roi Humbert de mettre à exécution son projet de créer des institutions de prévoyance en faveur des marins-pêcheurs italiens, notamment un asile de marins à Naples.

Il prie M. le délégué italien de transmettre à son Gouvernement l'hommage que la Section rend à la mémoire du roi Humbert, si lâchement assassiné, qui fut un ami des marins-pêcheurs.

La séance est levée à midi.

SÉANCE DU MARDI 18 SEPTEMBRE 1900.

PRÉSIDENCE DE M. ÉMILE CACHEUX, *Président.*

La séance est ouverte à 9 heures.

M. HAMON lit un travail de M. ENAULT sur les maisons et abris du marin ainsi que sur les asiles des vieux marins. Ce rapport est suivi par une étude faite par Mᵐᵉ CARDOZO DE BÉTHENCOURT sur la maison des marins de Geestemunde, et elle donne lieu à l'adoption du vœu suivant :

Le présent Congrès ratifie le vœu émis au Congrès de la marine marchande de l'Exposition de 1900, à savoir *que les États, les municipalités, les syndicats et les particuliers encouragent, dans la mesure du possible, les œuvres d'assistance morale aux marins (salle de lecture et divertissements, cercles et bibliothèques dans les ports, prêts de livres à bord, transmission gratuite d'argent aux familles).*

Un rapport entre *l'évolution du travail et celle du droit de propriété dans les eaux poissonneuses* est présenté par M. David LEVI-MORENOS.

Dans cet intéressant travail, l'auteur démontre que les eaux dans lesquelles la pêche n'est pas réglementée ne contiennent plus de poisson au bout d'un certain temps. Les eaux doivent être affermées par qui de droit, car le locataire ménage le poisson qui s'y trouve et veille à les repeupler quand il y trouve son intérêt.

La Russie, l'Allemagne et l'Autriche se sont entendues pour repeupler les cours d'eau qui les traversent.

En Italie, il existe des baies qui sont livrées à la pisciculture.

L'auteur désirerait que les nations s'entendissent pour réglementer la pêche de la Méditerranée. A la suite de la lecture de son travail, la Section adopte le vœu suivant :

Il serait désirable que, dans les pays où la législation le permet, la pêche des eaux dépeuplées soit concédée pendant une durée suffisante à des sociétés ou à des particuliers qui s'engageraient à payer un loyer dont l'importance irait en croissant à mesure que le nombre des poissons augmenterait.

La Section s'occupe des vœux proposés par M. le commissaire général Neveu en séance générale, et elle adopte les suivants, après lecture de la monographie de M. G. Le Braz et de divers documents parvenus au Congrès. Il serait désirable :

1° *Que des enquêtes dirigées par l'initiative privée et au besoin par les différents Gouvernements soient faites dans chaque port, de façon à réunir les éléments suffisants sur l'état des marins-pêcheurs en vue de l'amélioration de leur sort ;*

2° *Que dans chaque pays maritime il soit créé une société d'encouragement à la pêche ayant des sections dans tous les centres importants. Ces sociétés se communiqueraient toutes les mesures qui seraient de nature à venir en aide à la population maritime ;*

3° *Qu'il soit créé des caisses ayant pour objet de fournir des fonds à un taux modéré aux pêcheurs, afin de développer leur industrie ;*

4° *Que l'usage des livrets de pêche soit encouragé d'une façon active.*

M. Maraud, délégué de la ville des Sables-d'Olonne, fait la lecture d'un rapport qui donne lieu à l'adoption des vœux suivants :

Que tout inscrit maritime, réunissant trois cents mois de navigation à l'âge de quarante-cinq ans, ait droit à la pension d'invalide dite « demi-solde » ;

Que les inscrits maritimes armateurs, ainsi que les veuves et orphelins de pêcheurs inscrits, soient exempts de payer pour eux et leurs équipages la cotisation à la Caisse de prévoyance du 21 avril 1898.

M. Gautret fait l'exposé de la question relative à la réforme de la loi française du 21 avril 1898.

Il rappelle les vœux suivants émis dans les précédents Congrès, en particulier au Congrès de Dieppe, septembre 1898 :

Le Congrès émet le vœu que la loi du 23 avril 1898 soit modifiée de telle manière que :

1° Les marins soient traités sur le pied d'égalité avec les ouvriers de terre au point de vue des accidents et des maladies ;

2° La cotisation exigée des armateurs ne reste pas un simple impôt nouveau et les garantisse tout au moins contre les frais de rapatriement, d'hospitalisation, etc., qui seront mis à la charge de la Caisse nationale de prévoyance.

Et au Congrès de Biarritz, juillet 1899 : Le Congrès émet le vœu que la loi du 18 avril 1898, constituant l'assurance obligatoire des marins, soit réformée au plus tôt pour donner la faculté de s'assurer aux sociétés de secours mutuels entre marins pêcheurs et pour mettre sur un pied d'égalité les ouvriers de mer avec ceux de terre.

Il rappelle tous les efforts qu'il a faits comme membre du Parlement, pour arriver à décider le Gouvernement à modifier la loi du 21 avril 1898.

A la suite de cette communication s'engage une discussion à laquelle prennent part MM. CACHEUX, ODIN, DELÉARDE, HAMON, CARDOZO DE BÉTHENCOURT.

M. LE PRÉSIDENT résume en quelques mots la question et propose comme conclusion le vœu suivant :

Le Congrès, après avoir entendu les explications de M. Gautret, député, concernant la loi du 21 avril 1898 sur les institutions de prévoyance, émet le vœu *que le projet de loi annoncé par M. le Ministre de la marine vienne au plus tôt en discussion et que l'on tienne compte des vœux émis par les différents Congrès.*

Ce vœu est adopté.

M. GAUTRET ayant fait part de ses démarches auprès du Ministre de la marine pour obtenir une subvention à l'effet de faire envoyer des marins-pêcheurs délégués au présent Congrès, une discussion s'engage sur cette question, et, à la suite, le vœu suivant est proposé :

Le Congrès émet le vœu que les autorités compétentes des divers pays maritimes accordent des subventions aux municipalités pour leur permettre de déléguer des marins aux Congrès de pêche internationaux. Cette proposition, soutenue par M. le commissaire général NEVEU et le colonel VAN ZUYLEN, est écartée après une discussion à laquelle prennent part MM. ODIN, GAUTRET, CARDOZO DE BÉTHENCOURT, HAMON et DELÉARDE.

Après le rejet de plusieurs amendements, la rédaction suivante, proposée par M. ODIN, est adoptée : Le Congrès émet le vœu *qu'une allocation du Département de la marine soit faite à tous les Congrès de pêche maritimes nationaux ou internationaux pour être versée soit dans la Caisse de l'enseignement professionnel et technique des pêches maritimes, société reconnue d'utilité publique, soit dans la Caisse des Congrès, pour être affectées exclusivement à l'envoi à ces Congrès de délégués marins-pêcheurs français en les défrayant de leurs différents frais.*

LE PRÉSIDENT remercie les membres de la Section du concours qu'il leur a donné, et il lève la séance à midi 1/2.

SÉANCES GÉNÉRALES.

SÉANCE GÉNÉRALE DU DIMANCHE 16 SEPTEMBRE 1900.
(2 HEURES DE L'APRÈS-MIDI.)

PRÉSIDENCE DE M. EDMOND PERRIER.

M. LE PRÉSIDENT donne la parole à S. Exc. M. WESCHNIAKOFF pour la lecture de son rapport sur la *Statistique internationale des pêches maritimes*.

Il rappelle que cette question a déjà été posée au Congrès de la Haye en 1869 et a fait l'objet d'un certain nombre de résolutions qui ont été adoptées par cette assemblée. Il indique quelles sont les conditions à remplir pour que cette statistique soit complète et puisse rendre des services. Il passe ensuite en revue les statistiques publiées par chaque pays et indique les avantages et les inconvénients de chacune d'elles. Il termine en proposant que le Congrès ou le Comité permanent des congrès, dont la création est à l'ordre du jour des séances ultérieures, prenne l'initiative de la publication d'une statistique générale des pêches dans les différents pays, statistique édifiée sur les bases qu'il a indiquées.

Avant de quitter le bureau, il fait part à l'assemblée d'une décision prise par la Société impériale russe de pêche et de pisciculture d'organiser à Saint-Pétersbourg, en 1902, une exposition et un congrès international de pêche. Cette exposition et ce congrès sont placés sous le patronage de S. M. l'Empereur, et des demandes de participation seront notifiées à chaque pays par S. Exc. le Ministre des affaires étrangères de Russie. Mais, dès à présent, au nom de la Société, l'invitation est faite, aux membres du présent Congrès, de tenir leur prochaine réunion à Saint-Pétersbourg en 1902.

M. LE PRÉSIDENT espère que les membres du Congrès accepteront l'invitation qui leur est faite de choisir Saint-Pétersbourg comme prochain lieu de réunion. Le vote sur ces différentes résolutions aura lieu dans une séance ultérieure.

M. Émile CACHEUX signale quelques lacunes dans le programme de la Conférence de la Haye, surtout en ce qui concerne la mortalité résultant des accidents du travail à bord des bateaux de pêche; il demande à ce que cette statistique particulière soit mentionnée dans le vœu qui sera soumis au vote du Congrès.

La parole est ensuite donnée à M. le comte Louis SKARZYWSKY, qui résume un très intéressant travail *sur les «artels» de pêche* (associations mutuelles) en Russie et sur la lutte soutenue dans ce pays contre l'alcoolisme qui sévit parmi les pêcheurs russes.

Enfin, M. le professeur Raphaël DUBOIS présente au Congrès le résultat de ses curieux et savants travaux sur *la nature et la formation des perles fines naturelles*.

A la suite de cette intéressante communication, M. Lahner présente le résultat de ses expériences sur *les perles d'eau douce.*

M. le Président ajoute ensuite quelques explications et lève la séance à 5 heures.

SÉANCE GÉNÉRALE DU LUNDI 17 SEPTEMBRE 1900.

Présidence de M. Edmond PERRIER.

La séance est ouverte à 2 heures de l'après-midi.

M. le Président montre, en quelques mots, l'importance de la *création d'un Comité international permanent chargé d'organiser les congrès internationaux de pêche,* et de poursuivre, après la clôture des différents congrès, l'application pratique et la réalisation des vœux qui auront été votés. Tout le monde est d'accord sur l'utilité que présente la création de cet organe, et les votes émis par les précédents Congrès de Bergen et Dieppe sont, à cet égard, tout à fait significatifs; mais deux manières se présentent pour réaliser la formation de ce comité, soit la voie diplomatique, lente et fort incertaine, soit au contraire la nomination directe de ces membres par le Congrès. Il se borne à poser aujourd'hui la question, fixant à la prochaine assemblée générale la discussion des voies et moyens pour arriver au résultat et, s'il y a lieu, la nomination des membres de ce comité.

Il s'excuse ensuite de ne pouvoir assister à la séance et prie M. Antipa, vice-président du Congrès, de le remplacer au fauteuil présidentiel.

Présidence de M. ANTIPA.

La parole est donnée à M. Potter, commissaire de la Marine, pour la lecture de son rapport sur *l'ostréiculture en France.*

Puis à M. Borodine pour présenter une proposition relative à la *création d'un organe spécial des congrès internationaux de pêche.*
M. Borodine, après avoir démontré l'utilité d'un semblable organe, propose de choisir, à ce titre, la *Revue internationale de pêche et de pisciculture.*
Après discussion, il est décidé que le vote de cette proposition aura lieu dans la prochaine séance.

M. le commissaire général Neveu résume sa communication sur *la monographie de l'arrondissement de Cherbourg.* Le but qu'il s'est proposé en écrivant cette monographie serait de susciter la production de travaux similaires qui fourniraient des documents sur l'état de l'industrie dans les points principaux des côtes des différents pays.

Après discussion sur les conclusions de ce rapport, l'assemblée renvoie à des sections compétentes un certain nombre de propositions de M. le commissaire général Neveu et adopte le vœu suivant présenté par MM. Neveu et Cardozo de Bethencourt :

Que dans chaque centre maritime il soit établi des monographies sur un programme uniforme et bien déterminé.

SÉANCE GÉNÉRALE DU MARDI 18 SEPTEMBRE 1900.

Présidence de M. Edmond PERRIER.

La séance est ouverte à 2 heures de l'après-midi.

M. le Président ouvre la discussion sur la proposition de M. Borodine concernant la *création d'un organe spécial des congrès internationaux de pêche*; il a reçu de l'auteur de la proposition le vœu suivant :

Le Congrès est d'avis que la création d'un organe spécial des congrès internationaux de pêche est de nature à rendre les plus grands services.

Il prend acte de la proposition de la Société impériale russe de pêche et de pisciculture et accepte de choisir la « Revue internationale de pêche et de pisciculture » qu'elle édite comme organe des congrès internationaux de pêche.

Le premier paragraphe est adopté à l'unanimité. Sur le second paragraphe, une discussion s'engage au sujet de la langue à employer pour les comptes rendus; après avoir entendu à ce sujet MM. Meesters, Borodine, Weschniakoff, van Zuylen et Drechsel, l'assemblée adopte les bases suivantes : le protocole et les procès-verbaux seront rédigés en français, les vœux et les actes en trois langues (français, allemand, anglais); les mémoires seront donnés dans leur langue originale; de plus, les titres des mémoires présentés au Congrès et le programme des travaux des séances seront donnés en neuf langues.

M. le Président propose, sous ces réserves, de choisir la *Revue internationale de pêche et de pisciculture* comme organe officiel des futurs congrès; à cet effet, il met aux voix la seconde partie du vœu : *Il prend acte*, etc.

Cette seconde partie est également adoptée.

M. le Président fait savoir qu'il a reçu d'un certain nombre de ses collègues la demande d'ajouter à la prochaine séance la discussion et le vote sur la création du comité permanent. Sauf avis contraire, il sera ainsi procédé.

La séance de clôture étant très chargée, M. le Président propose à l'assemblée de voter, dès maintenant, les propositions présentées par la 6e Section.

Il donne lecture de ces résolutions :

1° *Considérant le tort énorme fait à l'ostréiculture par la crainte de la contagion de la fièvre typhoïde et du choléra par les huîtres, craintes qui ont été bien exagérées;*

Considérant que le danger ne peut provenir que des dépôts dont la surveillance est facile, et non des parcs;

Le Congrès émet le vœu :

Que tous les Gouvernements prennent telles mesures qu'ils jugeront convenables pour rassurer l'opinion publique en ce qui concerne non seulement les huîtres, mais les mollusques en général ;

2° Estimant que c'est par l'entente et l'association des ostréiculteurs que l'ostréiculture française pourra remédier à la crise commerciale dont elle souffre actuellement,

Le Congrès émet le vœu :

Qu'il se crée, dans chaque centre, une association d'ostréiculteurs ayant pour but la défense des intérêts locaux et la réunion des renseignements propres à éclairer le commerce de l'huître et que ces associations locales se tiennent en relations les unes et les autres, afin de pouvoir, à l'occasion, réunir leurs efforts dans l'intérêt de l'ostréiculture française toute entière.

M. le docteur LEPRINCE trouve que le mot *exagérées* est à supprimer.

M. MAES appuie cette proposition et demande la suppression des considérants dans leur entier.

M. ROUSSIN explique dans quelles conditions la Section a été amenée à prendre la résolution proposée à l'assemblée; il accepte, en ce qui le concerne, la suppression des considérants.

M. LE PRÉSIDENT l'invite à présenter dans ce sens, à l'assemblée générale de clôture, une nouvelle rédaction des vœux émis par la Section.

L'ordre du jour étant épuisé, la séance est levée à 4 heures.

SÉANCE GÉNÉRALE DU MERCREDI 19 SEPTEMBRE 1900.

PRÉSIDENCE DE M. EDMOND PERRIER.

La séance est ouverte à 9 heures.

M. LE SECRÉTAIRE GÉNÉRAL donne lecture des vœux qui lui ont été remis par les secrétaires des sections, MM. les Membres du Congrès ont entre les mains une autographie de ces vœux.

Les vœux de 1 à 7 (voir la liste donnée ci-après) sont adoptés sans discussion.

Le vœu n° 8 est ainsi rédigé :

« Le Congrès émet le vœu que les Gouvernements soient invités à prendre les mesures nécessaires pour que les écrevisses ne puissent être importées ou lorsque leur dimension serait inférieure à 10 centimètres mesurés de la pointe de la tête à l'extrémité de la queue. »

MM. KUNSTLER et MAES présentent quelques observations à la suite desquelles M. MERSEY propose de modifier la rédaction du vœu de la manière suivante :

...lorsque leurs dimensions seront inférieures à celles fixées par les règlements des pays d'origine.

Sur la proposition d'un membre du Congrès, le vœu est généralisé par l'addition des mots *que les poissons en général et les écrevisses ne puissent*, etc.

Les vœux 10 à 16 ne donnent lieu à aucune observation et sont votés tels qu'ils sont présentés.

Au sujet du vœu n° 17, une discussion s'engage. M. MENDES GUERREIRO demande une modification; il fait remarquer qu'il est difficile — pour ne pas dire impossible — à un industriel de restituer l'eau empruntée à une rivière dans un état aussi pur qu'au moment de sa prise; il suffit, à son avis, que la loi exige que cette eau n'ait aucun caractère de nocuité pour le poisson.

M. MAES appuie cette proposition.

M. LE PRÉSIDENT propose alors la rédaction qui est indiquée dans la liste des vœux. Le vœu ainsi modifié est adopté.

Les vœux présentés par les sections 3, 5, 6 sont adoptés sans discussion. Parmi les vœux présentés par la 3ᵉ section, le vœu n° 40 donne lieu à l'adjonction des mots *dans les pays où la législation le permet*, sur une observation de M. MEUNIER, administrateur des Invalides, qui fait observer que dans certains pays, comme en France, la pêche en mer est libre et sans redevance pour les inscrits maritimes, à qui elle appartient exclusivement; c'est une compensation des charges qu'on leur impose, et il serait injuste de les en priver.

M. CARDOZO DE BETHENCOURT fait observer que le vœu n° 44, qui est ainsi rédigé : *que la création des livrets de pêche soit poursuivie d'une manière active*, a été repoussé dans la 4ᵉ section.

M. CACHEUX fait savoir que ce vœu a déjà été adopté par les précédents congrès.

M. MEUNIER fait remarquer que sa rédaction en est trop comminatoire, qu'il n'est pas toujours possible à un matelot d'aller inscrire sur un livret les indications qu'on lui demande, que la rédaction proposée implique une obligation, par suite l'application de pénalités en cas d'infraction; il propose la rédaction suivante :

« Le Congrès émet le vœu *que l'usage des livrets de pêche soit encouragé d'une façon active.* »

M. CACHEUX se rallie à cette rédaction, qui est adoptée.

Quelques observations sont échangées sur les vœux d'un caractère national, qui sont adoptés dans leur ensemble.

Les vœux ayant trait aux propositions présentées dans les séances générales sont également adoptés.

M. LE PRÉSIDENT ouvre alors la discussion sur la création d'un comité permanent des congrès de pêche.

Personne ne demandant la parole, il met d'abord aux voix la question de principe : *Est-il nécessaire de créer un comité permanent?* Cette résolution est adoptée à l'unanimité.

Il propose ensuite de faire procéder à l'élection de ce comité par une assemblée composée des membres du bureau du Congrès de 1900, des délégués officiels de gouvernement, ainsi que des délégués des administrations publiques et des sociétés savantes représentées à ce congrès.

M. de Guerne propose d'y adjoindre les membres des bureaux des sections; cette proposition est adoptée.

M. Cardozo de Bethencourt demande que les délégués des municipalités, ainsi que les représentants des syndicats de pêcheurs compris dans ce congrès, soient compris dans cette assemblée.

Cette proposition est adoptée.

M. le Président propose alors que la réunion de cette assemblée ait lieu à l'issue de la séance générale de clôture qui se tiendra cet après-midi.

Après observations de M. Gautret et de M. le Secrétaire général, cette proposition est adoptée.

La séance est levée à midi.

VOEUX ADOPTÉS PAR LE CONGRÈS.

1ʳᵉ SECTION.

Section scientifique maritime.

1. Le Congrès, après avoir pris connaissance des études faites sur le littoral des Algarves par S. M. le Roi de Portugal, émet le vœu que les recherches concernant le régime du thon et du germon soient entreprises ou continuées tant sur la côte du Portugal que sur celles de l'Algérie, de l'Espagne, de la France, de l'Italie et de la Tunisie.

2. Le Congrès émet le vœu que les études, observations et travaux indiqués et convenus dans la Conférence internationale de Stockholm de 1899 soient poursuivis d'une façon uniforme par toutes les nations intéressées aux pêches maritimes.

2ᵉ ET 4ᵉ SECTIONS.

Aquiculture et pêche en eau douce.

3. Le Congrès, considérant l'intérêt théorique et pratique des recherches à poursuivre concernant la biologie lacustre, spécialement en ce qui touche à la pisciculture, émet le vœu que les études méthodiques sur cette matière soient favorisées partout autant que possible.

4. Le Congrès émet le vœu que l'on impose l'obligation à tous les propriétaires et directeurs d'établissements industriels établis sur des cours d'eau, ainsi qu'aux propriétaires de canaux d'irrigation ou d'assainissement, de ne

pouvoir vider les biefs ou canaux d'adduction et de fuite, pour y effectuer des réparations, y pratiquer des curages ou faucardements, ou pour toute autre cause, qu'après en avoir fait la déclaration préalable à l'autorité locale.

5. Le Congrès émet le vœu que, dans les cours d'eau de peu de largeur et de peu d'importance, la pêche à la ligne soit seule tolérée et que l'emploi des filets et autres engins soit limité le plus possible.

6. Le Congrès émet le vœu que les gouvernements n'accordent leur concours pour tenter des repeuplements d'écrevisses qu'après une enquête préalable qui aura démontré la possibilité du succès, tant en raison de la terminaison complète des épidémies que de la cessation des déversements industriels et, d'une manière générale, de toutes les causes qui peuvent nuire à la réussite de l'opération.

7. Le Congrès émet le vœu que les écrevisses qui sont destinées au repeuplement soient soumises à une rigoureuse quarantaine de huit à quinze jours dans des bassins fermés (caisses à claire-voie) avant d'être placées dans les eaux libres.

8. Le Congrès émet le vœu que les gouvernements soient invités à prendre les mesures nécessaires pour que les poissons en général et les écrevisses ne puissent être importés ou exportés lorsque leurs dimensions seront inférieures à celles fixées par les règlements des pays d'origine.

9. Le Congrès émet le vœu que des mesures soient prises en vue de protéger les frayères naturelles, les œufs et les alevins.

10. Le Congrès émet le vœu que des primes, dont l'importance pourrait varier suivant les circonstances et les régions, soient accordées en vue de favoriser la destruction des animaux les plus dommageables aux poissons et spécialement celle de la loutre et du héron.

11. Le Congrès émet le vœu que, dans les curages et faucardements de rivière, il soit tenu compte des conditions de reproduction du poisson, tant au point de vue des endroits à ménager comme frayères qu'à celui des époques et durées de ces opérations.

Le Congrès appelle à cet égard l'attention sur l'emploi de la chaîne-scie, déjà en usage sur certaines rivières, et qui permet d'exécuter les faucardements avec beaucoup plus de précision et surtout de rapidité.

12. Le Congrès émet le vœu que l'essai d'introduction ou l'introduction elle-même d'espèces exotiques de poissons dans les cours d'eau et les lacs internationaux, ainsi que celle de l'anguille dans les eaux encore indemnes de cette espèce, ne soient effectuées qu'avec l'autorisation préalable des États intéressés.

13. Le Congrès, considérant la valeur économique de l'alose et les résultats qui ont été obtenus, aux États-Unis, dans la culture de ce poisson, signale aux gouvernements l'intérêt considérable que présenterait l'application suivie d'opérations analogues à celles entreprises dans ce pays.

14. Le Congrès émet le vœu que les pouvoirs publics, dans chaque gouvernement, soient invités à prendre les mesures les plus propres à assurer la libre circulation des poissons migrateurs, et en particulier du saumon, dans les fleuves et rivières jusqu'à la partie supérieure des bassins de ces cours d'eau, sauf, bien entendu, dans le cas d'obstacles naturels infranchissables.

Les gouvernements ayant adhéré au Congrès international seront priés de provoquer l'étude des meilleurs systèmes de passage pour le poisson et à en imposer l'emploi sur tous les barrages industriels ou agricoles dont la hauteur dépasse 80 centimètres.

Le Congrès exprime le désir qu'à l'avenir il ne soit pas construit de barrages étanches à profil vertical à l'aval et que les ouvrages de retenue des eaux soient établis en dos d'âne ou à une inclinaison d'environ 30 degrés.

15. Le Congrès émet le vœu que les gouvernements fassent mettre à l'étude les moyens de reconnaître les poissons empoisonnés comme cela se pratique en criminologie humaine; qu'en outre tous les animaux empoisonnés soient saisis et que les détenteurs soient poursuivis, de façon à mettre ainsi un terme à cette coupable industrie.

16. Le Congrès estime que, dans l'intérêt de l'hygiène publique, de l'industrie, de l'agriculture et de l'aquiculture, il est urgent que les gouvernements prennent des mesures énergiques pour empêcher la pollution des eaux de quelque façon que ce soit, et qu'ils mettent en œuvre les moyens nécessaires pour faire respecter ces mesures.

Le Congrès exprime l'avis qu'en ce qui concerne l'empoisonnement des rivières par diverses usines et fabriques il appartient essentiellement aux industriels de rechercher les moyens propres à la purification des résidus de leurs industries, et que le rôle des gouvernements consiste, surtout en pareille matière, à veiller à ce que l'eau soit restituée à la rivière dans un état qui ne soit pas nuisible aux animaux ou aux plantes utiles.

17. Le Congrès émet le vœu que, dans le cas où des autorisations préalables sont nécessaires pour l'installation d'établissements industriels sur les cours d'eau, ces autorisations ne puissent être accordées qu'après le dépôt, par les intéressés, et l'étude, par les services compétents, de spécimens de résidus analogues à ceux qui devront être déversés par l'établissement projeté.

18. Le Congrès émet le vœu que les premières notions pratiques de pisciculture concernant les poissons d'eau douce fassent partie du programme de l'instruction primaire, et que ce programme puisse permettre à l'instituteur d'insister plus spécialement sur l'espèce particulière à chaque région.

3° SECTION.
Technique des pêches maritimes.

19. Le Congrès émet le vœu que les gouvernements mettent à l'étude l'emploi de moteurs à pétrole à bord des bateaux de pêche, et qu'au préalable

l'importation et l'emploi du pétrole soient facilités au point de vue fiscal pour les besoins des industries maritimes.

20. Le Congrès, considérant que les études actuellement terminées au Ministère de la marine de France ont démontré l'inutilité des réserves ou cantonnements sur la côte océanique, au point de vue spécial de la reproduction du poisson, émet le vœu que de nouvelles études soient ordonnées à l'effet de protéger le poisson plat et signale notamment l'emploi du filet traînant à terre comme pouvant nuire à la pêche.

21. Le Congrès, étant données la nature des fonds et la conformation du littoral tunisien, émet le vœu que les pouvoirs publics se préoccupent d'y établir des réserves ou cantonnements de pêches.

22. Le Congrès émet le vœu que les nations maritimes arrivent le plus tôt possible à une entente internationale pour la réglementation des feux des bateaux de pêche.

23. Le Congrès émet le vœu que les puissances se mettent d'accord pour interdire à la navigation, sous la sanction de lois répressives à édicter par chaque gouvernement, certaines zones déterminées affectées à la pêche;

Qu'une entente internationale ait lieu à l'effet d'établir une réglementation internationale des pêches maritimes.

5ᵉ SECTION.

Ostréiculture.

24. Le Congrès émet le vœu que tous les gouvernements prennent telles mesures qu'ils jugeront convenables pour rassurer l'opinion publique en ce qui concerne la transmission de la fièvre typhoïde et du choléra, non seulement par les huîtres, mais par les mollusques en général.

6ᵉ SECTION.

Utilisation des produits de la pêche.

25. Le Congrès émet le vœu qu'il soit procédé à des relevés statistiques faisant connaître, dans les différents pays, les époques des passages des diverses espèces de poissons voyageurs, en vue d'établir des données pour les approvisionnements destinés à la fabrication des sous-produits.

26. Le Congrès émet le vœu que les gouvernements représentés au Congrès encouragent par des primes la destruction et les recherches d'utilisation de animaux marins nuisibles, tels que les squales et les marsouins.

27. Le Congrès émet le vœu que les différents droits de douane ou d'octroi supportés par les coquillages et les poissons de faible valeur (moules, squales, poissons communs, etc.) soient supprimés.

28. Le Congrès émet le vœu que les différents gouvernements favorisent les tentatives de congélation du poisson, en vue :

1° De l'amélioration du sort des marins pêcheurs, par la sécurité de placement d'une marchandise éminemment corruptible;

2° De la régularisation des prix de vente du poisson;

3° De l'alimentation à bon marché de la population ouvrière.

29. Le Congrès émet le vœu que les différents gouvernements encouragent la construction de bateaux à vapeur destinés à recueillir au large le produit de la pêche (chasseurs à vapeur), en vue d'une meilleure utilisation de ces produits.

30. En vue de favoriser la pénétration des produits de la pêche dans les régions où jusqu'à présent ils n'ont pu être utilisés qu'en faible proportion, le Congrès émet le vœu que les différentes compagnies de chemins de fer adoptent des tarifs uniformes et abrègent le plus possible les délais en vigueur pour le transport de ces produits.

31. Le Congrès émet le vœu que des subventions soient accordées par les différents gouvernements pour permettre de rechercher quels sont les meilleurs modes : 1° de préparation des poissons sur les lieux de pêche; 2° d'emballage des poissons frais, afin d'assurer leur transport dans les meilleures conditions.

7ᵉ SECTION.

Économie sociale.

32. Le Congrès émet le vœu qu'il serait désirable d'armer des bateaux à vapeur qui donneraient les premiers soins aux malades et aux blessés sur les lieux de pêche et qui pourraient servir d'école ambulante d'infirmiers maritimes pendant la campagne des grandes pêches.

33. Le Congrès émet le vœu qu'il serait utile de développer l'enseignement maritime par la création de nouvelles écoles de pêche et de compléter l'instruction des élèves de ces écoles par des exercices en mer. En outre, il y aurait lieu de créer des cours spéciaux pour enseigner aux hommes et aux femmes la préparation et l'utilisation des produits de la mer.

34. Le Congrès émet l'avis que le moyen le plus efficace d'inviter les marins pêcheurs à suivre les cours des écoles de pêche consiste à créer des diplômes qui seraient décernés aux élèves ayant suivi les cours et justifiant de connaissances suffisantes devant une commission composée de personnes compétentes.

35. Le Congrès émet le vœu qu'on mette à l'étude les moyens d'assurer aux marins pêcheurs la fourniture d'une pochette de secours à bon marché.

36. Le Congrès, reprenant les vœux adoptés par les précédents congrès, émet le vœu que les plus grands efforts soient faits dans les ports de pêche pour améliorer l'hygiène des marins pêcheurs, tant à bord qu'à terre, et pour donner à ces marins les notions qui leur sont nécessaires à cet effet.

37. Le Congrès émet le vœu que le principe adopté par les compagnies

d'assurances de ne garantir qu'une partie des risques soit étendu aux sociétés d'assurances mutuelles du matériel de pêche.

38. Le Congrès émet le vœu que l'industrie de la pêche et les marins pêcheurs soient considérés comme neutres en temps de guerre.

39. Le Congrès émet le vœu que les différents gouvernements procèdent à une enquête sur les conditions de logement des marins pêcheurs et sur les mesures à prendre pour les améliorer.

40. Le Congrès émet le vœu que, dans les pays où la législation le permet, la pêche des eaux dépeuplées soit concédée pendant une durée suffisante à des sociétés ou à des particuliers qui s'engageraient à payer un loyer dont l'importance irait en croissant à mesure que le nombre des poissons augmenterait.

41. Le Congrès émet le vœu que des enquêtes dirigées par l'initiative privée, et au besoin par les différents gouvernements, soient faites dans chaque port, de façon à réunir les éléments suffisants sur l'état des navires pêcheurs, en vue de l'amélioration de leur sort.

42. Le Congrès émet le vœu que dans chaque pays maritime il soit créé une Société d'encouragement à la pêche ayant des sections dans tous les centres importants. Ces sociétés se communiqueraient toutes les mesures qui seraient de nature à venir en aide à la population maritime.

43. Le Congrès émet le vœu qu'il soit créé des caisses ayant pour objet de fournir des fonds à un taux modéré aux pêcheurs, afin de développer leur industrie.

44. Le Congrès émet le vœu que l'usage de livrets de pêche soit encouragé d'une façon active.

45. Le présent Congrès ratifie le vœu émis au Congrès de la marine marchande de l'Exposition de 1900, à savoir que les États, les municipalités, les syndicats et les particuliers encouragent, dans la mesure du possible, les œuvres d'assistance morale aux marins (salles de lecture et divertissements, cercles et bibliothèques dans les ports, prêts de livres à bord, envoi gratuit d'argent aux familles).

SÉANCES GÉNÉRALES.

46. Le Congrès décide la création d'un Comité international permanent des Congrès chargé d'organiser les futurs Congrès de pêche. Le Congrès décide que ce Comité sera élu par une assemblée composée des membres du bureau du Congrès de 1900, des délégués officiels des différentes puissances et des délégués des administrations publiques et des sociétés savantes représentées à ce Congrès.

47. Le Congrès décide que le prochain Congrès international d'aquiculture et de pêche se réunira en 1902 à Saint-Pétersbourg.

48. Le Congrès décide qu'il sera procédé à une publication périodique de la statistique internationale comparée des pêches sur la base du programme du Congrès de statistique de la Haye en 1869, en tenant compte de la statistique des accidents du travail à bord des bateaux de pêche, et que cette publication sera confiée aux soins du Comité permanent international ou, à son défaut, à ceux du Comité d'organisation du Congrès de Saint-Pétersbourg.

49. Le Congrès émet le vœu que, dans chaque centre maritime, il soit établi des monographies sur un programme uniforme et bien déterminé, afin de faciliter aux marins pêcheurs l'exploitation plus rationnelle des produits de la mer.

50. Le Congrès est d'avis que la création d'un organe spécial des Congrès internationaux de pêche est de nature à rendre les plus grands services.

Il prend acte de la proposition de la Société impériale russe de pêche et de pisciculture et accepte de choisir la *Revue internationale de pêche et de pisciculture*, qu'elle édite comme organe des congrès internationaux de pêche.

VŒUX
INTÉRESSANT PLUS PARTICULIÈREMENT LA FRANCE.

1ʳᵉ SECTION.
Section scientifique maritime.

1. Le Congrès émet le vœu que la France ait sa place au laboratoire maritime à Naples.

3ᵉ SECTION.
Technique des pêches maritimes.

2. Le Congrès émet le vœu que la pension dite *demi-solde* soit augmentée pour les marins ayant exercé pendant quatorze ans le commandement d'un bateau de pêche.

3. Le Congrès émet le vœu qu'un second bateau garde-pêche français soit affecté à la surveillance dans la mer du Nord des bateaux faisant la pêche aux arts traînants.

2ᵉ ET 4ᵉ SECTIONS.
Aquiculture et pêche en eau douce.

Addition au vœu 16. Les propriétaires ou directeurs d'usines devront être rendus pénalement responsables des délits d'empoisonnement de rivières lorsque ces délits résultent de déversements provenant de leurs usines et effectués par eux ou leurs employés. Cette responsabilité sera réglée conformément à l'artice 46 du Code forestier.

3ᵉ SOUS-SECTION.

Pêche maritime considérée comme sport.

4. Le Congrès émet le vœu que des démarches soient faites auprès du Ministère de la marine pour obtenir, en faveur des yachts dont l'équipage est composé d'inscrits maritimes, l'exonération de la taxe établie par la circulaire du 13 août 1898.

5. Le Congrès émet le vœu que les mêmes démarches soient faites pour obtenir que le nombre des sorties de yachts se livrant à des études de pêche ne soit pas limité.

5ᵉ SECTION.

Ostréiculture.

6. Le Congrès émet le vœu qu'il se crée dans chaque centre ostréicole une association d'ostréiculteurs ayant pour but la défense des intérêts locaux et la réunion des renseignements propres à éclairer le commerce de l'huile, et que ces associations locales se tiennent en relations les unes avec les autres afin de pouvoir à l'occasion réunir leurs efforts dans l'intérêt de l'ostréiculture française tout entière.

7ᵉ SECTION.

Économie sociale.

7. Le Congrès émet le vœu qu'il serait désirable de propager les institutions de prévoyance dans les colonies françaises où la pêche hauturière tend à se développer ;

8. Le Congrès émet le vœu qu'une allocation du Département de la marine soit faite à tous les congrès de pêche maritime nationaux ou internationaux pour être versée soit dans la caisse de la Société de l'enseignement professionnel et technique des pêches maritimes, reconnues d'utilité publique, soit dans la caisse des congrès projetés pour être affectée exclusivement à l'envoi, à ces congrès, de délégués marins pêcheurs français, en les défrayant de leurs différents frais.

9. Le Congrès, après avoir entendu les explications de M. Gautret, député, concernant la loi du 27 avril 1898 sur la caisse de prévoyance, émet le vœu que le projet de la loi annoncé par M. le Ministre de la marine vienne au plus tôt en discussion et que l'on tienne compte des vœux déjà exprimés par les différents congrès.

10. Le Congrès émet le vœu que tout inscrit maritime, réunissant trois cents mois de navigation, à l'âge de quarante-cinq ans, ait droit à sa pension d'invalide dite *demi-solde*.

11. Le Congrès émet le vœu que tout inscrit maritime armateur, veuve et orphelin de pêcheurs inscrits soit exempt de payer pour eux et leurs équipages la caisse de prévoyance du 21 avril 1898.

SÉANCE GÉNÉRALE DE CLÔTURE.

LE MERCREDI 19 SEPTEMBRE, À 2 HEURES DE L'APRÈS-MIDI.

—

Présidence de M. MILLERAND, *Ministre du Commerce.*

La séance est ouverte à 1 heure.

M. Edmond Perrier, président du Congrès, a la parole. Il constate d'abord le succès du Congrès, le nombre des membres est voisin de 500; 250 sont venus prendre part à ses travaux, et les vœux de clôture ont été votés par 200 votants. 18 nations se sont fait représenter, 106 délégués de gouvernements ou de sociétés savantes ont été présents à nos séances. Il remercie les organisateurs et en particulier les secrétaires généraux MM. J. Pérard et Maire, dont le zèle et le dévouement sont au-dessus de tout éloge, et les présidents de section qui ont préparé à l'avance tout le travail du Congrès.

M. le Président rappelle l'œuvre des précédents congrès et combien en France on s'est préoccupé des vœux qu'ils ont émis puisque les trois quarts environ ont été réalisés. Ces congrès étaient plus nationaux qu'internationaux, tandis que le Congrès de l'Exposition de 1900 est bien, à proprement parler, un congrès international, puisque le tiers de ses membres appartient à d'autres pays que la France, et que les étrangers présents à nos séances étaient aussi nombreux que nos compatriotes. Les vœux auront eu un caractère tout à fait international. Le petit nombre d'entre eux (11 sur 62) qui intéressaient la France seule ont été traités à part. Il espère que ces vœux recevront dans les différents pays une prompte réalisation.

M. Edmond Perrier montre toute l'utilité des congrès indépendants de la diplomatie et des gouvernements; pour que leur œuvre soit durable, il faut qu'une émanation d'eux-mêmes reste après leur clôture. C'est pourquoi il a été décidé, au cours de nos séances, la création d'un comité international permanent. Ce comité aura aussi à assurer la préparation du congrès de 1902 dans la ville de Saint-Pétersbourg, où nous avons été heureux d'accepter l'hospitalité qui nous était offerte.

M. le Président termine son remarquable discours par des considérations élevées sur les rapports des nations entre elles et sur l'arbitrage, seul moyen d'éviter les guerres si funestes qui désolent pour longtemps un pays.

Des applaudissements, plusieurs fois répétés, soulignent cette péroraison.

M. Millerand, Ministre du Commerce, félicite M. le Président et les organisateurs du Congrès de son remarquable succès. Sa présence aujourd'hui parmi nous indique tout l'intérêt que le Gouvernement de la République porte à nos travaux. Il se félicite que l'œuvre commencée soit poursuivie par le Comité permanent; il pense que ces comités doivent, pour bien des questions, être des auxiliaires précieux auprès des différents gouvernements. Élargissant la question, il démontre d'une manière remarquable et saisissante combien ces réunions scientifiques et toutes pacifiques peuvent avoir de portée. Il forme le vœu qu'à l'avenir toutes les questions litigieuses entre les différents pays soient réglées d'une telle manière sans recourir à l'odieux et barbare procédé de la guerre.

Il remercie les délégués étrangers d'être venus nous apporter leur concours et les prie d'être l'interprète des sentiments du gouvernement de la République auprès des différents pays qu'ils représentent.

M. WESCHNIAKOFF remercie, au nom des étrangers, M. le Ministre des paroles si bienveillantes qu'il vient de prononcer. Si le Congrès a réussi à tant de points de vue différents on le doit à la direction si éclairée de son président, M. Edmond Perrier, au zèle et au dévouement du secrétaire général, M. l'ingénieur Pérard, et au concours de tous leurs collaborateurs. Il est heureux de remercier également la Société de l'enseignement professionnel et technique des pêches maritimes, qui est l'initiatrice des congrès précédents, et en particulier son président, M. Émile Cacheux, dont le dévouement à la cause des marins est connu de tous.

Les délégués étrangers emporteront le souvenir le plus agréable de leur séjour à Paris et de l'hospitalité si large qui leur a été offerte. Avant de se séparer, il exprime le désir de se retrouver tous réunis à nouveau dans deix ans à Saint-Pétersbourg. A l'issue de la dernière réunion, il s'est empressé de faire part à Son Altesse Impériale le grand-duc Serge Alexandrovitsch, du vote du Congrès, décidant de choisir Saint-Pétersbourg pour le siège de ses prochaines assises; il vient de recevoir à l'instant un télégramme de Son Altesse Impériale remerciant les membres du Congrès en la personne de leur président, M. Edmond Perrier, pour l'honneur qu'ils ont voulu faire à son pays.

L'assemblée tout entière applaudit à plusieurs reprises.

M. Émile CACHEUX, en termes émus, remercie M. Weschniakoff de ne pas avoir oublié l'œuvre commencée dans les précédents Congrès; il est heureux de rappeler le nom de ses collaborateurs de la première heure, sans lesquels il n'aurait pu mener à bien la tâche qu'il avait assumée : MM. Perrier, Gautret, Odin, Roché, pour le Congrès des Sables-d'Olonne; MM. Canu, Lavieuville, Coutant, Pérard, pour le Congrès de Dieppe; les députés, les fonctionnaires du Ministère de la marine, qui lui ont toujours prêté généreusement leur appui.

M. GAUTRET s'associe à M. Cacheux pour adresser à M. Perrier et à ses collaborateurs tous les remerciements des congressistes pour le dévouement avec lequel ils ont su préparer et conduire les travaux du Congrès. Il dépose à cet effet la motion suivante :

«Le Congrès international des pêches de l'Exposition de 1900, réuni en assemblée générale, sous la présidence de M. Millerand, ministre du Commerce, adresse à son président, M. Edmond Perrier, membre de l'Institut, ses remerciements.»

L'assemblée applaudit longuement et vote cette motion par acclamation.

M. Edmond PERRIER propose à son tour de témoigner par un vote la reconnaissance que tous les pays doivent porter aux Souverains qui, comme le roi de Portugal et le prince de Monaco, travaillent en vrais marins pour augmenter le domaine de la science et améliorer la situation des pêcheurs.

L'assemblée acclame cette proposition.

M. Ehret, président du Syndicat des pêcheurs à la ligne, parle des Associations de pêcheurs à la ligne et remercie M. le Ministre des marques de bienveillance qu'il leur a récemment données.

M. Grousset, au nom du Syndicat des marins-pêcheurs des Sables-d'Olonne. rappelle en quelques mots tout l'intérêt que le Gouvernement a témoigné aux marins-pêcheurs, et se fait l'interprète de tous pour témoigner à M. le Ministre de leur profond dévouement.

Enfin M. l'abbé Blanchard, aumônier de l'hôpital de la Rochelle, prie M. le Ministre d'accepter un bouquet de fleurs artificielles fait par lui avec des écailles de poissons, comme un faible témoignage de la reconnaissance des marins pour tous les hauts dévouements qui s'attachent à améliorer leur sort.

M. le Ministre remercie en quelques mots au nom du Gouvernement de la République et déclare clos les travaux du Congrès d'aquiculture et de pêche de l'Exposition de 1900.

La séance est levée à 4 heures.

CONFÉRENCE. — VISITES. — BANQUET.

Le cadre trop restreint de ce compte rendu sommaire nous empêche d'y faire figurer la remarquable conférence faite par M. Fabre-Domergue, inspecteur général des pêches maritimes, sur *le rôle de l'intervention humaine dans la productivité des mers*. Cette conférence et l'ensemble des différentes visites au Muséum, dans les galeries de l'Exposition, sur le bateau de Terre-Neuve, ainsi que les différents toasts portés au banquet qui a réuni une grande partie de nos collègues à l'issue du Congrès, seront donnés dans le compte rendu qui sera publié ultérieurement.

Imprimerie nationale. — 6645-07-1901.

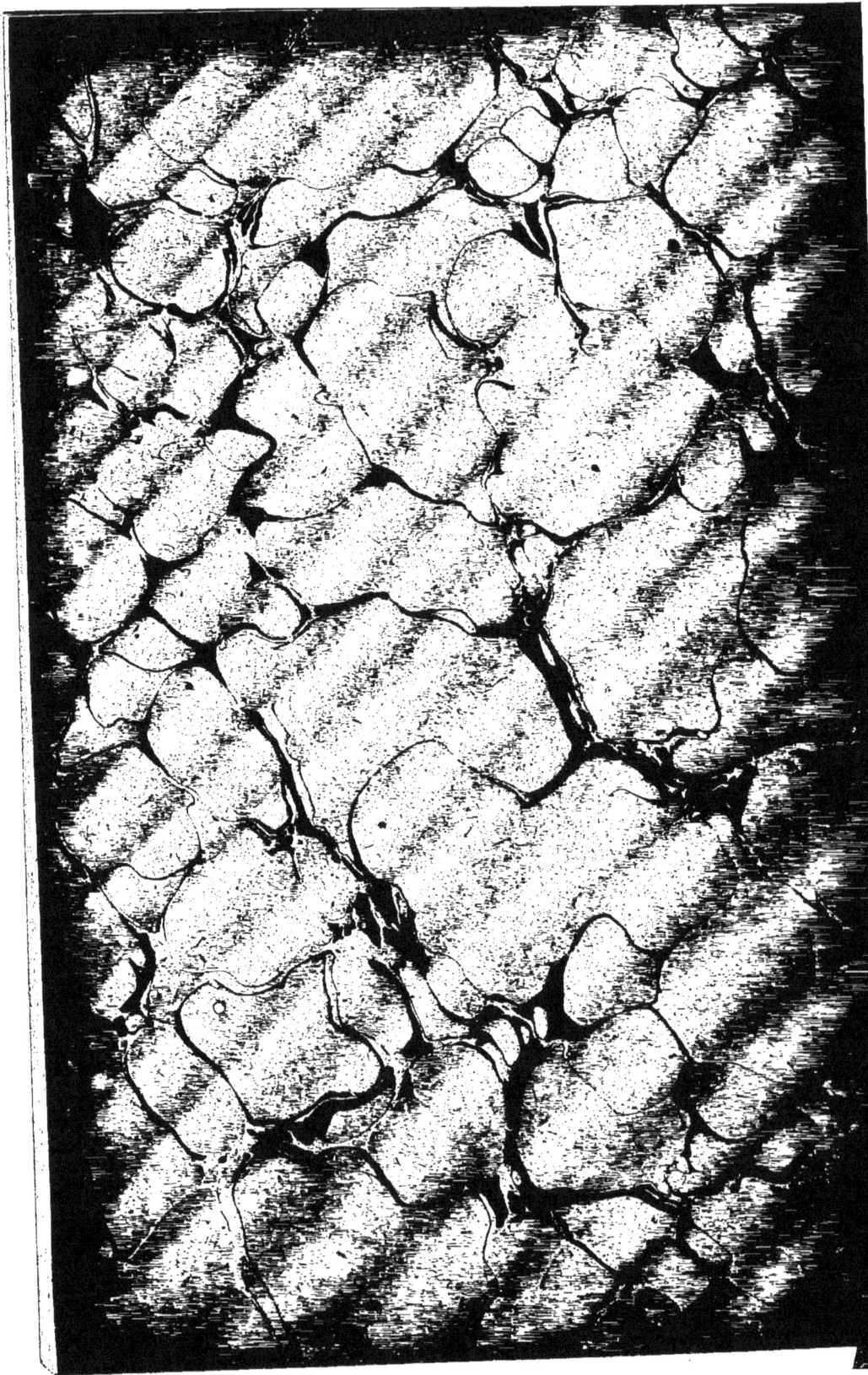

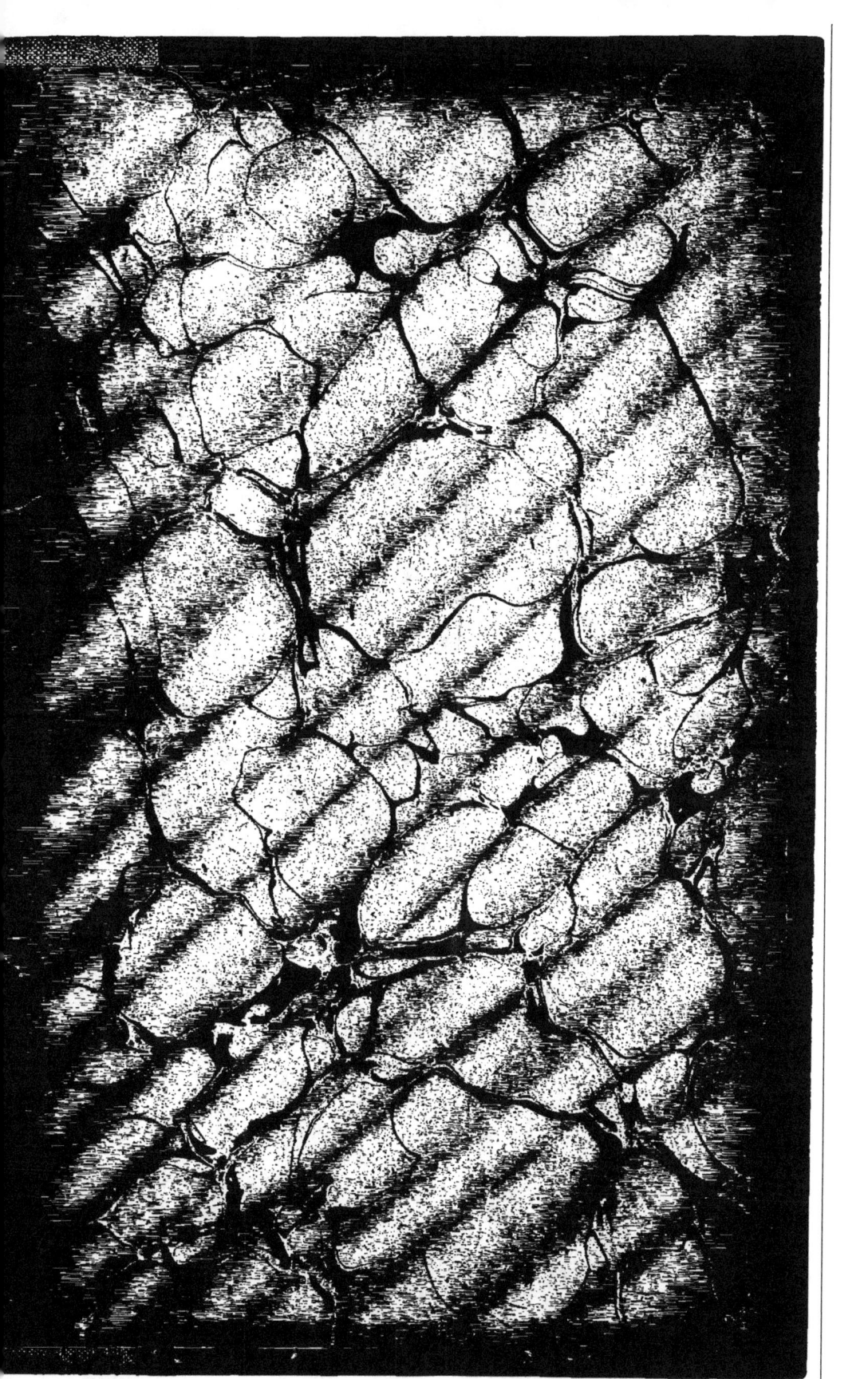

www.ingramcontent.com/pod-product-compliance
Lightning Source LLC
Chambersburg PA
CBHW071241200326
41521CB00009B/1576